U0395470

特医食品的开发与精益制造

——给病患更精准有力的营养支持

主　编　黄　龙

副主编　卢君逸　李　晶

华东理工大学出版社
EAST CHINA UNIVERSITY OF SCIENCE AND TECHNOLOGY PRESS

·上海·

图书在版编目（CIP）数据

特医食品的开发与精益制造 / 黄龙主编. —上海：华东
理工大学出版社，2019.8(2022.2重印)

ISBN 978-7-5628-5958-1

Ⅰ.①特…　Ⅱ.①黄…　Ⅲ.①疗效食品-食品加工
Ⅳ.①TS218

中国版本图书馆 CIP 数据核字(2019)第 157622 号

项目统筹 / 马夫娇
责任编辑 / 李佳慧
装帧设计 / 徐　蓉
出版发行 / 华东理工大学出版社有限公司
　　　　　　　地　　址：上海市梅陇路 130 号，200237
　　　　　　　电　　话：021-64250306
　　　　　　　网　　址：www.ecustpress.cn
　　　　　　　邮　　箱：zongbianban@ecustpress.cn
印　　刷 / 当纳利(上海)信息技术有限公司
开　　本 / 890mm×1240mm　1/32
印　　张 / 3.625
字　　数 / 84 千字
版　　次 / 2019 年 8 月第 1 版
印　　次 / 2022 年 2 月第 2 次
定　　价 / 68.00 元

前言

　　特殊医学用途配方食品（Foods for Special Medical Purpose，FSMP，下文简称特医食品），是为了满足由于完全或部分进食受限、消化吸收障碍或代谢紊乱人群的每天营养需要，或满足由于某种医学状况或疾病而产生的对某些营养素或日常食物的特殊需求加工配制而成，且必须在医生或临床营养师指导下使用的配方食品。大量临床研究和经济学研究发现，以特医食品为代表的营养干预安全有效，且能显著减少诸多疾病的康复并发症、住院时间、治疗费用，从而减轻患者的经济负担，这也是特医食品在发达国家得以广泛应用且使用历史悠久的主要原因。

　　长期以来，由于我国一直没有特殊医学用途配方食品的相关标准，此类产品的生产、销售与管理缺乏法律法规依据，须作为药品进行注册，注册费用高昂，导致产品价格高，大大限制了这类产品的研发和临床使用。不过，我们非常欣喜地看到，近年来国家对此领域极其重视，陆续出台了系列法规和配套的扶持政策。尤其是自从 2013 年《特殊医学用途配方食品通则》及《特殊医学用途配方食品良好生产规范》颁布以来，2016 年的《注册管理办法》《临床试验质量管理规范》，2017 年的《生产许可审查细则》《注册申请材料项目与要求》《特医食品稳定性研究要求》,乃至 2019 年初的《生产许可审查细则》的一系列通则、规范、细则的出台,详细地规范了特医食品从原辅料选择、生产、临床试验、稳定性试验,到申报等各方面的工作。再加上从 2018 年特医食品申报及监管的部门从卫计委转移到国家市场监督管理总局,政府层面上的监管和扶持应该说已经基本完备了。

不过,坦诚地说目前国内特医食品企业的成长和产品推出尚跟不上国家和广大消费者、患者的需求。截至 2022 年 1 月,获批的特医食品有 81 个产品,针对特定疾病的全营养配方食品尚无获批产品,脂肪组件类别也没有获批产品,所以有志于此的企业应该及早采取行动,抢占市场先机。特医食品的研发团队需要不断积累丰富的知识和经验,并在开发及产业化过程中勇于实践,才能获得符合审批要求,且蕴含创新精神的好产品。

截至目前国内出版的特医食品相关书籍,绝大部分属于申报文件汇编或临床应用指南,其立场以学术机构或临床机构为主。本书另辟蹊径,以特医食品的生产及运营机构的立场为指针,汇总了相关产品在配方开发、功能验证、临床试验、中试放大、量产品控的全过程中的典型技术问题和解决方案。虽然囿于文本篇幅有限和笔者的才疏学浅,尚不能涵盖全面,但倘能起到率先尝试以供同行参考之用,则深感荣幸欣慰之至。

本书由特医食品及生物创新药 CRO 企业——常州毅博生物科技有限公司的诸位同仁汇总编写,尤其感谢李晶、卢君逸的辛劳执笔,苏丁、施林燕在工艺设备、车间规划方面的鼎力相助。书中涉及的不少开发案例已经在广西纳贝食品科技公司的特医食品生产线上得到验证,临床试验正在由上海玉曜生物医药科技有限公司组织实施。我们期待着这本小书以及我们团队身体力行的实践，能为中国的特医食品行业的发展竭尽绵薄，为国人的健康奉献力量！

黄龙

己亥新春（2019 年 2 月）

于 广西贺州健康云港

目录

第一章

特医食品概述

第一节　特医食品的定义

特殊医学用途配方食品（Foods for Special Medical Purpose，FSMP，简称特医食品），是为了满足由于完全或部分进食受限、消化吸收障碍或代谢紊乱人群的每天营养需要，或满足由于某种医学状况或疾病而产生的对某些营养素或日常食物的特殊需求加工配制而成，且必须在医生或临床营养师指导下使用的配方食品[1]。目标人群归纳如图1-1所示。

图1-1　特医食品的针对人群

当目标人群无法进食普通膳食或无法用日常膳食满足其营养需求时，特殊医学用途配方食品可以作为一种营养补充途径，起到营养支持作用。同时针对不同疾病的特异性代谢状态,对相应的营养素含量提出了特别规定,能更好地适应特定疾病状态或疾病某一阶段的营养需求,为患者提供有针对性的营养支持。

但此类食品不是药品,不能替代药物的治疗作用,产品也不得声称对疾病的预防和治疗功能。

第二节 特医食品与保健食品的异同[2]

保健食品产业在我国起步较早、发展迅速,产品种类繁多;而特殊医学用途配方食品在我国还是新生事物,其前身肠内营养制剂在我国一直作为药品管理,消费者以及媒体对其还不够熟悉。保健食品是声称具有保健功能的食品,其所谓的保健功能应当具有科学依据,不得对人体产生急性、亚急性或者慢性危害[3,4]。从功能验证、产品申报、生产监管、指导应用上,特医食品都要比保健食品严格。对于保健食品中的一些生理活性成分,往往没有经过临床试验验证,缺乏医学证据。而对于特殊医学用途配方食品,其具有充分的理论基础和临床证据,并且必须在医生或者营养师的指导下使用。在如下三个方面两者有显著的不同。

(1)食用目的不同。特殊医学用途配方食品以提供能量和营养支持为目的,为了满足特定人群对于营养素和膳食的需求,可以单独食用或与其他食品配合食用;而保健食品以调节机体功能为目的,具有保健功能而非提供营养成分。

(2)目标人群不同。由于两类特殊食品具有不同的食用目的,因此所针对的目标人群具有较大差别。特殊医学用途配方食品适用于有特殊医学状况、对营养素有特别需求的人群,如无法通过进食普通膳食满足营养需求的人群,所以其形态更接近于普通食品,充分考虑了饮食和使用的依从性;而保健食品根据原料和保健功能的不同具有特定的适宜人群,如免疫力低下者、中老年人、需要补充维生素的人群等,这类人群能够正常进食,故保健食品多为小剂量浓缩形态,不提供额外的能量。

（3）产品配方不同。基于不同的食用目的和目标人群,两类特殊食品均应当严格按照标准和法规进行产品配方设计。特殊医学用途配方食品应当包括蛋白质、脂肪、碳水化合物及各种维生素、矿物质等,且对各营养素的含量有严格要求,用以满足目标人群全部或部分的营养需求;而保健食品原料原则上不提供热量,原料种类较多,可以基于我国传统中医保健理论设计或结合现代社会亚健康人群对保健食品的需求进行研究。

第三节　特医食品的分类

如图1-2所示,特殊医学用途配方食品根据不同临床需求和适用人群分为3类,即全营养配方食品、特定全营养配方食品和非全营养配方食品[1,5]。

（1）全营养配方食品　全营养配方食品是指可作为单一营养来源满足目标人群营养需求的特殊医学用途配方食品,按照不同年龄段人群对营养素的需求量不同分为两类[1]。

（2）特定全营养配方食品　特定全营养配方食品是指可作为单一营养来源,能够满足目标人群在特定疾病或医学状况下营养需求的特殊医学用途配方食品,按照不同年龄段分为两类[1]。GB 29922《特殊医学用途配方食品通则》附录中列出了目前临床需求量大、有一定使用基础的13种常见特定全营养配方食品。特定全营养配方食品的适应人群一般指单纯患有某一特定疾病且无并发症或合并其他疾病的人群。目前科学证据充分、应用历史较长的特定全营养配方食品有 8 种，包括糖尿病病人用、慢性阻塞性肺疾病（COPD）病人用、肾病病人用、肿瘤病人用、炎性肠病病人用、食物蛋白过敏病人用、肥胖和减脂手术病人用、难治性癫痫病人用全营养配方食品等。另外 5 种营养素调整证据尚不充分，包括肝病病人用、肌肉衰减综合征病人用、创伤感染手术及其他应激状态病人用、胃肠道吸收障碍、胰腺炎病人用、脂肪酸代谢异常病人用全营养配方食品等。

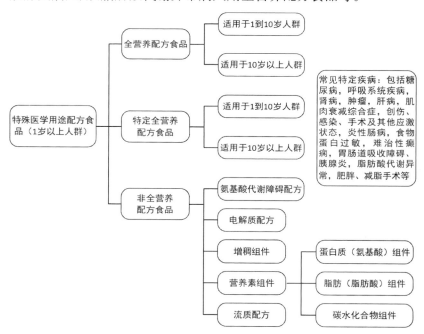

图 1-2　特殊医学用途配方食品（1 岁以上人群）

　　（3）非全营养配方食品　非全营养配方食品是指可满足目标人群部分营养需求的特殊医学用途配方食品[1]。非全营养配方食品是按照产品组成特征来进行分类的。由于非全营养配方食品不能作为单一营养来源满足目标人群的营养需求,该类产品应在医生或临床营养师的指导下,按照患者个体的特殊医学状况,与其他特殊医学用途配方食品或普通食品配合使用。根据国内外法规、使用现状和组成特征,常见的非全营养配方食品包括营养素组件、电解质配方、增稠组件、流质配方和氨基酸代谢障碍配方等。

蛋白质组件按照剂型分为两大类:肠内营养混悬液和肠内营养粉剂。如果按照原料水解与否,蛋白质组件则分为以下三大类。

① 氨基酸型:不刺激消化液分泌,不需要消化,吸收完全。

② 短肽型:需少许消化液帮助吸收,有少量纤维素成分。

③ 整蛋白型:口感好,需要完全消化才能吸收。

第四节　特医食品的重要性及临床意义

大量临床研究和经济学研究发现,早期肠内营养能安全有效且显著减少术后并发症、住院时间、治疗费用,从而减轻患者的经济负担,这也是特殊医学用途食品在发达国家得以广泛应用且使用历史悠久的主要原因。

特殊医学用途配方食品针对人群数量庞大,包括正常生理状况下具有特殊营养需求的人群,如孕产妇、老年人;病理状况下具有特殊营养需求的人群,如严重疾病患者、各种膳食相关慢性病患者和手术、骨折等损伤人群。正是基于如此庞大的消费人群,特殊医学用途配方食品才拥有巨大的市场需求。

据国际医学营养协会(MNI)副主席 Tim Meyerhoff 先生介绍,目前欧洲的每一家医院里都有四分之一的人有营养不良的症状。随着年龄的增长,这个问题变得越来越严重,在 65 岁老年人当中,每三个人之中就有一个人面临着营养不良,就总数来说,目前有 3 300 万欧洲人面临着疾病相关性营养不良[6]。

Tim Meyerhoff 表示如果病人的营养状况不良的话,任何的医学手法都不能获得其良效。而最新的一项调查研究结果显示,欧盟的特医食品为医院节省了 12% 的费用,每 12 个人之中就会减少一名患者的死亡,同时减少了医院 330 万欧元的投资[6]。

特医食品采用的是标准化的科学、均衡、全面的营养配方,可以方便地长期或短期满足患者的营养需求。大量的证据和临床实践表明,营养支持对于患者的治疗效果和康复具有十分重要的作用。

第五节　特医食品的市场与发展机遇

特殊医学用途配方食品产业在全世界呈现蓬勃发展之势。当前,全世界每年消费特殊医学用途配方食品约 560 亿～640 亿元,市场每年以 6% 的速度递增。欧美年消费量占据全球较大比重,为 400 亿～500 亿元,增速为 4.5%;日本和韩国的市场规模为 150 亿～220 亿元,增速为 4.8%。澳大利亚每年在医用食品相关领域的消费数量超过 4 000 万美元,新西兰的消费量为 250 万～400 万美元[7]。

长期以来,由于我国一直没有特殊医学用途配方食品的相关标准,此类产品的生产、销售与管理缺乏法律法规依据,须作为药品进行注册,注册费用高昂,导致产品价格高,大大限制了这类产品的研发和临床使用。像纽迪希亚、雅培、雀巢等几家跨国公司,每家公司在国外上市的特殊医学用途配方食品种类均能过百,而在中国市场上,加起来不过几十个品种,其规模仅 6 亿人民币左右,相当于全球 1%。而且产品配方陈旧,大多数还是 20 世纪 80 年代的配方。究其原因,大部分产品都是 20 世纪八九十年代以药品形式注册的,但后来药品注册的手续越来越严格,临床验证和质量复核费时、费钱,使得产品注册的成功率极低,也使得那些老配方的更新换代变得极为困难——药品成分改一次就要当成新药重新注册,所以只能维持不变。

因为缺乏标准,套用药品的管理方式,一道高门槛就此阻住了许多在国外已有多年使用历史且效果良好的特殊医学用途配方食品服务于中国消费者,使得我国临床营养过度依靠肠外营养,肠内营养仅占临床营养的 10%～20%,产业的良性发展受到遏制。国际上通行的办法是尽量采用肠内营养,也就是使用特殊医学用途配方食品,简单方便,操作安全,又可以保护病人自己的消化吸收功能,而且费用比较低廉。国际上采用肠内营养的比例要远远大于肠外营养,像欧美发达国家,肠内营养与肠外营养使用的比例约为 10∶1。

随着相关法规标准的逐步完善,中国特殊医学用途配方食品市场将迎来新的发展机遇。特医食品注册审批管理办法出台以前,肠内营养的国内市场份额被几家跨国公司垄断,包括纽迪希亚制药、华瑞制药、雅培制药、雀巢等,见表 1 – 1[8]。这些公司的产品大部分均是"药"字号,在国内共注册产品 69 个,涉及 19 个种类。进入国内的产品主要为 20 世纪 80 年代左右研发的产品。目前,雅培公司的"全安素"已合法标注为新标准的特殊医学用途配方食品,现已开始试点销售。纽迪希亚和华瑞在我国江苏无锡都建有大型生产基地[8],也均有产品获批。截至 2022 年 1 月,国内企业获批的特殊医学用途配方食品达 52 款,超过外企获批的 29 款。

华瑞临床营养产品有瑞能、瑞高、瑞代、瑞素和瑞先五个产品,市场占有份额相对较小。纽迪希亚临床肠内营养产品比较多,有康全力、能全力、能全素、百普力、百普素、康全甘等产品,占领了中国临床肠内营养制剂产品市场份额的第一位。雅培临床肠内营养产品包括安素、益力佳、佳维体等产品。这类产品的特点是技术成熟领先,但是价格很高,一般只适合于高消费人群。

表1-1　国外肠内营养企业在中国的基本情况

公司名称	进入年份	所有制	主要产品
华瑞制药	1982	合资	瑞先、瑞素、瑞能、瑞高、瑞代
味之素制药	1984	外商独资	爱伦多
诺华制药	1996	合资	维沃
雅培制药	1998	外商独资	佳维体、安素、益力佳、全安素
纽迪希亚	2000	外商独资	能全力、康全力、百普力、百普素
雀巢		外商独资	维沃(收购)、纽纯素

随着全球对特殊营养产品需求的日益旺盛,国内不断有竞争者加入肠内营养制剂这个行业。目前市场上具有一定影响力的国内生产厂家主要有青岛海汇生物化学制药有限公司、西安力邦临床营养有限公司、上海励成营养产品科技股份有限公司、浙江海力生生物科技股份有限公司、广州邦世迪生物技术有限公司、广州纽健生物科技有限公司、上海冬泽特医食品有限公司等,见表1-2[8]。

表1-2　中国特医食品代表企业基本情况

公司名称	创立年份	所有制	主要产品
青岛海汇生物化学	1958	有限责任有限公司	复方营养混悬剂
西安力邦临床营养	1999	股份有限公司	立适康院内产品
上海励成营养	1999	股份有限公司	励成复配营养强化剂
浙江海力生生物	2000	有限责任有限公司	匀浆膳、鱼胶原蛋白多肽
广州邦世迪生物	2003	三九集团直属企业	匀浆膳、全营素
广州纽健生物	2008	外商独资	纽健复合蛋白粉、纽健唐匀、康普喜麦、纽健匀浆膳、纽伏泰、基柔、基畅
上海冬泽特医	2014	有限责任公司	冬泽全、冬泽力

截至 2021 年末,我国人口数量达到 14.13 亿人,约占世界人口总数的 19%。进入 21 世纪以来,我国老龄化人口占比逐渐增加,约占人口总数的 14.20%,预计"十四五"期间,我国老龄人口数量将达到 3 亿人,成为超老龄化的国家。受人口基数及老龄化等因素影响,我国慢性代谢综合征患者占世界同类患者数量比例也非常大,糖尿病、高血压、肾脏病等患者分别占全球患者总量的 33%、22% 和 24%[9]。巨大的患者数量代表了巨大的市场需求。

营养疗法是与手术、药物、化疗治疗并重的另外一种针对慢性病的治疗辅助方法,国家对肠内营养和临床营养正大力推行和建设中。

从市场规模来看,2015 年至 2019 年,我国特医食品市场规模已经从 20.1 亿元增长到 58.4 亿元,年均复合增速达到 30%以上,发展势头迅猛。

第六节　世界各国的特医食品管理

一、国外特医食品发展情况

国际食品法典委员会曾在 1994 年发布了 CODEX STAN 180—1991《特殊医学用途食品标签和声称法典标准》,对特殊医学用途配方食品(FSMP)的定义和标签标识进行了详细规定。欧美澳新日等发达国家也都在世纪之交前后分别颁布了相关法令和规范,并且积极鼓励新产品开发,严格地执行监管,具有丰富的经验。

1989 年欧盟首次颁布了"特殊营养目的用食品"标准(Foodstuffs Intended For Particular Nutritional Uses,PARNUS),特殊医学目的用食品(Food for Special Medical Purpose)也被纳入其中进行管理,并在其 1999 年的增补条款中明确要求制定相应的 FSMP 标准。

受欧盟委托,食品科学委员会(Scientific Committee of Food,SCF)于 1996 年完成了制定该标准的科学技术评估,特别提出了产品分类以及营养素限量的制定原则。1999 年欧盟正式颁布了 FSMP 标准(Dietary Foods for Special Medical Purpose,1999/21/EC)。对于上市前的批准,各成员国在欧盟标准的基础上制定了本国的相应规定。

美国 FDA 出台了对于医用食品的进口和生产的指导原则,包括生产、抽样、检验和判定等多项内容(Compliance Program Guidance Manual 7321.002,Medical Foods Program-Import and Domestic FY06/07/08)。美国规定在特殊医学用途配方食品中添加的新成分/新原料需要进行 GRAS 评估,新产品不需要上市前的注册和批准。

澳大利亚/新西兰的澳新食品标准局(Food Standards Australia & New Zealand,FSANZ)2001 年 10 月开始起草 FSMP 标准。2002 年 12 月 FSANZ 将初稿放在网上进行公开征求意见。FSANZ 经过多次的公开意见征求及文稿修改于 2004 年 9 月形成最终报批稿并提交"澳新食品法规委员会"(Ministerial Council)进行审核和批准。2012 年 5 月 FSANZ 发布了关于 FSMP 标准的评估报告终稿。2012 年 6 月发布该标准 Standard 2.9.5-Foods for Special Medical Purpose,2014 年 6 月施行。目前澳新所有的 FSMP 都是进口,该标准出台的主要目的是针对进口的产品进行管理。

根据日本健康增进法(2002 年法律第 103 号)第 26 条规定:病人用特殊食品上市前需要通过日本厚生省批准,目前有两种审批途径。① 病人用标准配方食品:日本厚生省根据每类病人用特殊食品的许可标准对所申报产品配方进行审核批准,时间短,程序简单。许可标准中对于各种营养素的限量进行了明确规定。② 需要个别审批的食品:厚生省对于所申报产品进行全面的技术审评和批准,时间长,审批流程复杂。

表1-3为世界各地特医食品的标准对比。

表1-3　各国特医食品标准的对比

	CODEX	美国	欧盟	澳新	日本
食品名称	FSMP	Medical Foods	FSMP	FSMP	Food for Sick
食品分类	特膳	特膳	特膳	特膳	特膳
食品添加剂	—	符合本国食品添加剂横向标准及相关质量标准要求			日本厚生省对产品进行审批和批准
营养物质	单独标准	GRAS物质	单独标准	以附录形式	
标签标识	详细规定	无标准	基本同CODEX	基本同CODEX	
微生物	—	详细规定	微生物限量横向标准	FSMP标准有规定	
污染物	—	—	—	—	
生产	—	有特别规定	符合对食品厂相关要求	符合对食品厂相关要求	
新成分	—	添加剂申请或GRAS评估	食品添加剂申报或新资源申报	食品添加剂申报或新资源申报	食品添加剂申报或新资源申报
上市许可	—	不需要	不需要	不需要	需要
使用/销售	在医生指导下使用,仅允许在医院、康复中心和药店销售				

二、国内特医食品发展情况

长期以来,由于我国一直没有特殊医学用途配方食品的相关标准,此类产品的生产、销售与管理缺乏法律法规依据,必须作为药品进行注册,注册费用高昂,导致产品价格高,大大限制了这类产品的研发和临床使用。

由于缺乏标准,市场监管无法可依,不合规产品泛滥,市场上针对某些疾病患者的"专用产品",滥竽充数者不鲜见。比如,所谓"癌症病人专用食品",不过是加了些多糖、寡肽等活性成分,其作用根本没有经过临床验证。而误导消费者的"糖尿病人专用食品"更是比比皆是。2007年,上海市长征医院曾收集了当时上海市场上的近50种糖尿病人专用食品进行了研究,对其中部分高油脂淀粉类食物和声称"无糖"的糖果食品进行了多种营养成分的检测。结果显示,大部分食品未经特殊工艺处理,总体油脂含量高,部分食品油脂含量竟高达40%;不少产品的淀粉含量超过60%,更有"无蔗糖食品"含有极易引起血糖升高的麦芽糖,严重影响糖尿病患者的血糖控制;主要技术指标也未进行必要的检测和规范等[11]。

与此同时,我国人口老龄化的加剧和慢性病的高发,又在不断推高相关的消费需求。因此,对于特殊医学用途配方食品的监管思路来说,有必要从"严堵"向"有效疏浚"转变,建立与国际接轨的食品安全国家标准体系,指导和规范我国特殊医学用途配方食品的生产、流通和使用,促进我国相关产品研发和应用。

国家食品安全风险评估中心经过五六年的不懈努力,奔走呼吁,在中国工程院院士陈君石等专家学者的推动下,制定出了这类产品的食品安全标准,并与标准主管部门(国家卫计委)、食品监管部门(国家食药监总局)、进口食品监管部门(国家质检总局)不断沟通和协调,终于在2013年,由国家卫计委颁布了《特殊医学用途配方食品通则》(GB 29922—2013)和《特殊医学用途配方食品良好生产规范》(GB 29923—2013)两项国家标准,连同我国2010年颁布的《特殊医学用途婴儿配方食品通则》(GB 25596—2010),形成了覆盖所有年龄组和不同疾病情况、并配以产品生产规范的一套完整的特殊医学用途配方食品标准,从而为特殊医学用途配方食品进入新食品安全法奠定了坚实的基础。根据国家食品药品监督管理总局令第24号,《特殊医学用途配方食品注册管理办法》又于 2015 年 12 月 8 日经国家食品药品监督管理总局局务会议审议通过，自 2016 年 7 月 1 日起施行。

中华人民共和国全国人民代表大会于 2015 年批准通过的《中华人民共和国食品安全法》第四章食品生产经营中，第四节特殊食品的第 74、80、82、83 条里也明确了对特医食品的监督管理的内容和相关的注册条例，例如：

第七十四条　国家对保健食品、特殊医学用途配方食品和婴幼儿配方食品等特殊食品实行严格监督管理。

第八十条　特殊医学用途配方食品应当经国务院食品药品监督管理部门注册。注册时，应当提交产品配方、生产工艺、标签、说明书以及表明产品安全性、营养充足性和特殊医学用途临床效果的材料。

特殊医学用途配方食品广告适用《中华人民共和国广告法》和其他法律、行政法规关于药品广告管理的规定。

第八十二条　保健食品、特殊医学用途配方食品、婴幼儿配方乳粉的注册人或者备案人应当对其提交材料的真实性负责。

省级以上人民政府食品药品监督管理部门应当及时公布注册或者备案的保健食品、特殊医学用途配方食品、婴幼儿配方乳粉目录，并对注册或者备案中获知的企业商业秘密予以保密。保健食品、特殊医学用途配方食品、婴幼儿配方乳粉生产企业应当按照注册或者备案的产品配方、生产工艺等技术要求组织生产。

第八十三条　生产保健食品、特殊医学用途配方食品、婴幼儿配方食品和其他专供特定人群的主辅食品的企业，应当按照良好生产规范的要求建立与所生产食品相适应的生产质量管理体系，定期对该体系的运行情况进行自查，保证其有效运行，并向所在地县级人民政府食品药品监督管理部门提交自查报告。

截至目前，国家出台的相关法规和政策文件汇总如下。

表1-4 目前我国特医食品相关法规和政策文件

发布时间	法规和政策文件
2010.12	GB 25596《特殊医学用途婴儿配方食品通则》
2013.12	GB 29922《特殊医学用途配方食品通则》
2013.12	GB 29923《特殊医学用途配方食品良好生产规范》
2016.3	《特殊医学用途配方食品注册管理办法》
2016.7	《特殊医学用途配方食品注册管理办法》,及配套文件
2016.7	特殊医学用途配方食品注册审评专库管理办法(试行)
2016.10	特殊医学用途配方食品临床试验质量管理规范(试行)
2017.1	特殊医学用途配方食品生产许可审查细则(征求意见稿)
2017.7	特殊医学用途配方食品名称规范原则(试行)
2017.9	《特殊医学用途配方食品注册申请材料项目与要求(试行)2017修订版》 《特殊医学用途配方食品稳定性研究要求(试行)2017修订版》
2019.1	《特殊医学用途配方食品生产许可审查细则》

三、国内监管部门

2017年4月,国家食品药品监管总局特殊食品注册管理司成立,主要负责拟订并监督实施保健食品、婴幼儿配方乳粉产品、特殊医学用途配方食品等特殊食品注册的管理制度和相应规范。自此,我国特殊食品注册管理正式驶入了快车道,特殊食品发展进入崭新阶段。

2018年8月,中共中央、国务院印发了《国家市场监督管理总局职能配置内设机构和人员编制规定》,其中第四条内设机构中,国家市场监督管理总局下设特殊食品注册管理司,具体职责是:分析掌握保健食品、特殊医学用途配方食品和婴幼儿配方乳粉等特殊食品领域安全形势,拟定特殊食品注册、备案和监督管理的制度措施并组织实施;组织查处相关重大违法行为。

新一轮机构改革正式落地,特医食品的监管由国家食品药品监督管理总局转移至国家市场监督管理总局。特殊食品注册管理司共七大职责,概述如下。

(1)研究拟订保健食品、婴幼儿配方乳粉产品、特殊医学用途配方食品等特殊食品(下称特医食品)注册管理制度并组织监督实施。

(2)研究拟订特医食品注册管理技术规范并组织实施。

(3)研究拟订特医食品注册审评、注册检验、功能评价、现场核查等工作规范。

(4)承担特医食品注册行政审批和备案管理工作。

(5)组织开展与特医食品注册行政审批、备案管理相关的检查、督导工作。

(6)配合相关司局开展特医食品管理国际交流、生产经营许可、监督管理、稽查办案等工作。

(7)承办总局交办的其他事项。

据介绍,注册管理司通过研发整合特殊食品注册管理各环节信息系统,推进产品、企业、法规、标准、文献依据、原料、功能声称、技术机构、专家9个数据库建设,实现了申报、审评、审批、查询等全程线上运行,实现审评审批电子化、智能化水平持续提升。

第七节　小结

本章中收录的企业和产品均为国内外较早开展研发或投入生产的医用营养品(特膳及特医食品)企业和产品。由上述资料可知,现今我国这类产品多以处方药或者个别地方批准的普通食品为主,总体来说市场比较混乱,特医食品产业刚刚处于起步阶段。

发达国家特医食品产业起步较早，目前已经有 30 余年的成功应用经验，全球产值约为 600 亿元人民币，主要分布在美国、欧洲和日本 3 个国家与地区。中国的特医食品产业则刚刚起步，正是蓬勃发展之时。

原卫生部已经颁发特殊医学用途食品通则等标准，部分地区也出台了特殊医学用途配方食品经营使用管理规范等相关文件。我们相信随着国家标准及管理制度的不断完善，特医市场将取得前所未有的发展。如果能在该领域及早进入市场，抓住市场先机将有利于企业（或品牌）在该领域的主导地位。

长远来看，要想促进特医食品行业健康发展，有关部门必须积极推动制定"我国特殊医学用途配方食品标准"，作为行业的基本法；并相应的制定各具体细分疾病与用途的行业开发研究标准或者指南，完整的市场规制必须有上位法依据，形成产品通则、标签管理、生产、注册、配料、检验、流通、使用等全链条的管理。各种规章制度的完善一方面将促进行业规范、提高产品质量；另一方面将促进研发合理投入，鼓励企业不断推出优质产品。

参考文献

[1] 中华人民共和国国家卫生和计划生育委员会. 国家标准 GB 29922—2013 食品安全国家标准特殊医学用途配方食品通则[S]，2013.

[2] 王星. 特殊医学用途配方食品和保健食品的比较研究[J]. 中国药事，2016，30(7)：642 – 645.

[3] 中华人民共和国食品安全法[M]. 北京：中国法制出版社，2015.

[4] 国家食品药品监督管理总局. 国家食品药品监督管理总局令第 22 号保健食品注册与备案管理办法[Z]，2016.

［5］European Commission. Commission directive 1999/21/EC of 25 March 1999 on dietary foods for special medical purpose ［J］. Official Journal of the European Communities，1999（91）：29－36.

［6］国际医学营养协会（MNI）副主席 Tim Meyerhoff 先生. 特殊医学用途配方食品的卫生经济贡献——以欧盟为例［R］. 北京：中国营养保健食品协会，2016.

［7］王乃强，刘辉，李国庆，等. 低聚果糖在特殊医学用途配方食品中的应用［J］. 精细与专用化学品，2013，21（6）：11－14.

［8］索思卓，胡豪，王一涛. 特殊医学用途配方食品在中国的发展概况. 中国食品卫生杂志［J］. 2016，28（2）：182－185.

［9］何柳，石文惠. 人口老龄化对中国人群主要慢性非传染性疾病死亡率的影响［J］. 中华疾病控制杂志，2016，20（2）：121－124，133.

第二章

特医食品的申报注册①

第一节 《特殊医学用途配方食品注册管理办法》解读

由于特殊医学用途配方食品食用人群的特殊性和敏感性，20世纪80年代末，基于临床需要，特殊医学用途配方食品以肠内营养制剂形式进入中国，按照药品进行监管，经药品注册后上市销售。

国务院卫生行政部门分别于2010年、2013年公布了《食品安全国家标准特殊医学用途婴儿配方食品通则》（GB 25596—2010）、《食品安全国家标准特殊医学用途配方食品通则》（GB 29922—2013）、《食品安全国家标准特殊医学用途配方食品良好生产规范》（GB 29923—2013）等食品安全国家标准，对特殊医学用途配方食品的定义、类别、营养要求、技术要求、标签标识要求和生产规范等做出了进一步规定。

---

① 本章根据表1-4所列"目前我国特医食品相关法规和政策文件"撷取精要编写而成，读者可以查阅国家市场监督管理总局等相关部门颁布的法规或文件原文，以获得更详尽的信息。

2015 年 4 月 24 日，第十二届全国人大常委会第十四次会议修订通过的《食品安全法》第八十条规定"特殊医学用途配方食品应当经国务院食品药品监督管理部门注册。注册时，应当提交产品配方、生产工艺、标签、说明书以及表明产品安全性、营养充足性和特殊医学用途临床效果的材料"。

为贯彻落实修订的《食品安全法》，保障特定疾病状态人群的膳食安全，进一步规范特殊医学用途配方食品监管，有必要制定《特殊医学用途配方食品注册管理办法》（以下简称《办法》）。按照依法严格注册、简化许可审批程序、产品注册与生产许可相衔接的修订思路和原则，食品药品监管总局制定了该《办法》，主要规定了特殊医学用途配方食品申请与注册条件和程序、产品研制要求、临床试验要求、标签和说明书要求，以及监督管理和法律责任等相关内容。

按照《特殊医学用途配方食品注册管理办法》第九条，以及《办法》的附件《2017 年特殊医学用途配方食品注册申请材料项目与要求（2017 试行）》，制造企业申请特殊医学用途配方食品注册，应当向国家食品药品监督管理总局提交下列材料：

（1）特殊医学用途配方食品注册申请书；

（2）产品研发报告和产品配方设计及其依据；

（3）生产工艺资料；

（4）产品标准要求；

（5）产品标签、说明书样稿；

（6）试验样品检验报告；

（7）研发、生产和检验能力证明材料；

（8）申请特定全营养配方食品注册，还应当提交临床试验报告；

（9）与注册申请相关的证明性文件。

第二节　特医食品申请流程

特医食品的研发及生产企业有志于向市场总局特殊食品司申报注册特医食品的新品种前,需要做好充足的准备工作,尤其是应包括如下几项:① 企业营业执照营业范围增项;② 企业生产能力和检验能力自检与补正;③ 产品研发和临床验证等。不过,为了提高效率,也不需要所有的应用开发及检测都完成后才申报,在加速试验结束后即可启动注册申请。

《特殊医学用途配方食品注册管理办法》附件 2 中规定:加速试验考察时间为产品保质期的四分之一,且不得少于 3 个月;长期稳定性试验与加速试验应同时开始,申请人可在加速试验结束后提出注册申请,并承诺按规定继续完成长期稳定性试验。而此前征求意见稿中表述"长期稳定性试验可在第 9 个月或以上考察点结束后提出注册申请"。

在特医食品的申请流程中,一定要注意各个时间节点的把握。除了文本审查外,需要现场核查、注册检验,中间可能专家答辩,可能发补,顺利的话一年左右可以拿证,其证以"国食注字 TY"的格式编号。总的来说,特医食品从产品开发、生产线建设,到顺利审批,时间约为 2~3 年,注册证书有效期 5 年。根据《特殊医学用途配方食品注册管理办法》中第 10 至 19 条的规定,将各个步骤所需工作日归纳如图 2 - 1 所示。

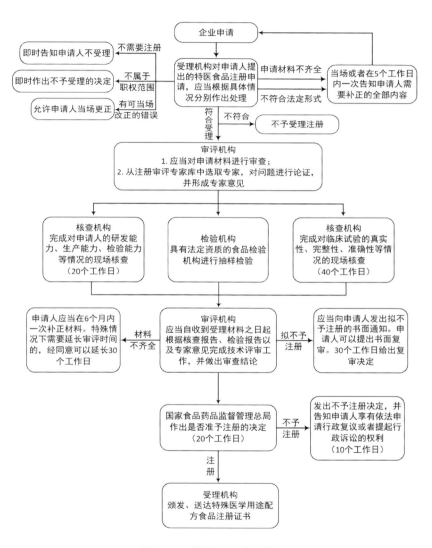

图 2-1 特医食品申请流程

第三节　特医食品申请条件和审查内容

一、注册申请人应当符合的条件

特医食品注册申请人应当符合以下条件：

（1）申请人应当是生产企业，包括拟向我国境内生产并销售特殊医学用途配方食品的生产企业和拟向我国境内出口特殊医学用途配方食品的境外生产企业。

（2）申请人应当具备相应的研发能力，设立特殊医学用途配方食品研发机构并配备专职的产品研发人员，研发机构中应当有食品相关专业高级职称以上或者相当专业能力的人员。

（3）申请人应当具备相应的生产能力，配备食品安全管理人员和食品专业技术人员，执行特殊医学用途配方食品良好生产规范和食品安全管理体系。

（4）申请人应当具备按照特殊医学用途配方食品国家标准规定的全部项目逐批检验的能力。

二、特医食品审查内容

根据《特殊医学用途配方食品注册生产企业现场核查要点及判断原则（试行）》，对申报企业的现场核查项目分为：生产能力、研发能力、检验能力、生产场所、设备设施、人员、物料管理、生产过程管理八个部分共 24 个核查项目，其中关键核查项目 5 个，分别为生产企业资质、研发能力、生产质量管理体系建立、生产条件、生产用水，其他为一般核查项目。

三、变更和延续的规定

申请人需要变更特殊医学用途配方食品注册证书及其附件载明事项的,应当向国家市场监督管理总局提出变更注册申请,并提交下列材料:

（1）特殊医学用途配方食品变更注册申请书;

（2）变更注册证书及其附件载明事项的证明材料。

应当在有效期届满 60 日前,向国家市场监督管理总局提出再注册申请并提交下列材料:

（1）特殊医学用途配方食品再注册申请书;

（2）特殊医学用途配方食品注册证书;

（3）5 年内产品生产、销售、监督抽检情况,对产品不合格情况应当做出说明;

（4）5 年内产品使用情况及不良反应情况总结。

四、对不予再注册的规定

以下情形不予再注册:

（1）注册人未在规定时间内提出延续注册申请的。

（2）注册产品连续 12 个月内在省级以上监督抽检中出现 3 批次以上不合格的;企业未能保持注册时生产、检验能力的。

（3）其他不符合法律法规以及产品安全性、营养充足性和特殊医学用途临床效果要求的情形。

第四节　标签和说明书

根据《特殊医学用途配方食品注册管理办法》的附件《特殊医学

用途配方食品标签、说明书样稿要求（试行）》，特医食品的标签和说明书应该遵守如下要求。

（1）应当按照法律、法规、规章和标准的规定进行标注。

（2）标签和说明书对应的内容应当一致，涉及特殊医学用途配方食品注册证书内容的，应当与注册证书内容一致，并标明注册号。

（3）标签已涵盖说明书全部内容的，可不另附说明书。

（4）标签、说明书的内容应当真实准确、清晰持久、醒目易读。

（5）标签、说明书的内容不得含有虚假内容，不得涉及疾病预防、治疗功能。生产企业对其提供的标签、说明书的内容负责。

（6）规定的分类名称或等效名称，并在食品标签、说明书的主要位置用最大的字体清晰标示。

（7）特殊医学用途配方食品标签、说明书应在醒目位置标示以下警示说明：① 请在医生或临床营养师指导下使用；② 不适用于非目标人群使用；③ 本品禁止用于肠外营养支持和静脉注射。

第五节　特医食品临床试验

有关特医食品临床试验说明如下。

（1）特定全营养配方食品须进行临床试验，其他特殊医学用途配方食品不需要进行临床试验。需要进行临床试验的，由注册人委托有资质的临床试验机构出具临床试验报告。

（2）临床试验应当按照特殊医学用途配方食品临床试验质量管理规范开展。特殊医学用途配方食品临床试验质量管理规范由国家市场监督管理总局发布。

（3）申请人组织开展多中心临床试验的，应当明确组长单位和统计单位。

（4）申请人应当对用于临床试验的试验样品和对照样品的质量安全负责。用于临床试验的试验样品应当由申请人生产并经检验合格，生产条件应当符合特殊医学用途配方食品良好生产规范。

（5）满足下列要求的机构可以开展特殊医学用途配方食品临床试验：① 应当为药物临床试验机构；② 具有营养科室和经过认定的与所研究的特殊医学用途配方食品相关的专业科室；③ 具备开展特殊医学用途配方食品临床试验研究的条件。

第六节　特医食品稳定性试验

一、基本原则

如《特殊医学用途配方食品稳定性研究要求（试行）（2017 修订版）》所述，特殊医学用途配方食品稳定性研究是质量控制研究的重要组成部分，其目的是通过设计试验获得产品质量特性在各种环境因素影响下随时间变化的规律，并据此为产品配方设计、生产工艺、配制使用、包装材料选择、产品贮存条件和保质期的确定等提供支持性信息。

二、研究要求

定性研究应根据不同的研究目的，结合食品原料、食品辅料、营养强化剂、食品添加剂的理化性质、产品形态、产品配方及工艺条件合理设置。

产品应当进行影响因素试验、加速试验和长期试验，依据产品特性、包装和使用情况，选择性地设计其他类型试验，如开启后使用的稳定性试验等。

（1）申请特殊医学用途婴儿配方食品和全营养配方食品注册，申请人参照《特殊医学用途配方食品稳定性研究要求（试行）（2017

修订版）》要求组织稳定性研究试验，并保留记录备查，可参考表 2 - 1
开展全营养配方食品的稳定性试验。

（2）申请特定全营养配方食品和非全营养配方食品产品注册，
应按照《特殊医学用途配方食品稳定性研究要求（试行）（2017 修订
版）》开展稳定性研究，并提交研究报告。对于已在我国上市销售的
特定全营养配方食品和非全营养配方食品，可提交已有的稳定性研
究材料，并对稳定性结果进行总结。

（3）申请特定全营养配方食品和非全营养配方食品产品注册，
应提交试验样品稳定性实验报告。

表 2 - 1　以保质期为 24 个月的全营养配方食品（粉剂）举例说明

产品类型	产品形态	生产工艺	保质期
全营养配方食品	粉剂	干法生产	24 个月
稳定性试验	影响因素试验	高温试验	60℃（或 40℃）下放置 10 天，5 天和 10 天检测相关指标
		高湿试验	25℃，RH90％（或 75％）±5％放置 10 天，5 天、10 天检测
		光照试验	照度 4 500 Lx±500 Lx 放置 10 天，5 天、10 天检测
	加速试验		37℃（或 30℃）±2℃，对 0、1、2、3、6 月检测
	长期试验		25℃±2℃，RH60％±10％下，对 0、3、6、9、12、18、24 月检测
	使用中的稳定性试验		开启包装后使用的稳定性试验、模拟管饲试验、产品运输试验等
	项目选取		影响因素试验可 5 天、10 天时对全项目指标检测，选取发生显著变化的指标，加速试验和长期试验可依据此进行项目选取

第七节 特医食品的检测

特医产品指标检测方法及主要仪器设备如表2-2所示。

表2-2 特医产品指标检测方法及主要仪器设备

指标	项目	检测标准	标准名称	主要仪器设备
理化	水分	GB 5009.3	食品中水分的测定	干燥器、恒温干燥箱
	灰分	GB 5009.4	食品中灰分的测定	干燥器、恒温干燥箱、马弗炉、电热炉
	蛋白质	GB 5009.5	食品中蛋白质的测定	凯氏定氮仪、消化炉
	脂肪	GB 5413.31	婴幼儿食品和乳制品脂肪的测定	水浴锅、恒温干燥箱、抽提瓶
	脂肪酸	GB 5413.27	婴幼儿食品和乳品中脂肪酸的测定	气相色谱、FID检测器
维生素	维生素A	GB 5413.9 或 GB/T 5009.82	婴幼儿食品和乳品中维生素A,D,E的测定	HPLC、紫外检测器
	维生素D	GB 5413.9	婴幼儿食品和乳品中维生素A,D,E的测定	HPLC、紫外检测器
	维生素E	GB 5413.9 或 GB/T 5009.82	婴幼儿食品和乳品中维生素A,D,E的测定	HPLC、紫外检测器
	维生素K1	GB 5413.10 或 GB/T 5009.158	婴幼儿食品和乳品中维生素K1的测定	HPLC、荧光检测器
	维生素B1	GB 5413.11 或 GB/T 5009.84	婴幼儿食品和乳品中维生素B1的测定	HPLC、荧光检测器
	维生素B2	GB 5413.12	婴幼儿食品和乳品中维生素B2的测定	HPLC、荧光检测器

（续表）

指标	项目	检测标准	标准名称	主要仪器设备
维生素	维生素 B6	GB 5413.13 或 GB/T 5009.154	婴幼儿食品和乳品中维生素 B6 的测定	HPLC、荧光检测器
	维生素 B12	GB 5413.14	婴幼儿食品和乳品中维生素 B12 的测定	紫外分光光度计、恒温培养箱等
	烟酸（烟酰胺）	GB 5413.15 或 GB/T 5009.89	婴幼儿食品和乳品中烟酸和烟酰胺的测定	HPLC、紫外检测器
	叶酸	GB 5413.16 或 GB/T 5009.211	婴幼儿食品和乳品中叶酸（叶酸盐活性）的测定	紫外分光光度计、恒温培养箱等
	泛酸	GB 5413.17 或 GB/T 5009.210	婴幼儿食品和乳品中泛酸的测定	HPLC、紫外检测器
	维生素 C	GB 5413.18	婴幼儿食品和乳品中维生素 C 的测定	荧光分光光度计
	生物素	GB 5413.19	婴幼儿食品和乳品中游离生物素的测定	紫外分光光度计、恒温培养箱等
矿物质	钠	GB 5413.21 或 GB/T 5009.91	婴幼儿食品和乳品中钙、铁、锌、钠、钾、镁、铜和锰的测定	原子吸收分光光度计
	钾	GB 5413.21 或 GB/T 5009.91		
	铜	GB 5413.21 或 GB/T 5009.13		
	镁	GB 5413.21 或 GB/T 5009.90		
	铁	GB 5413.21 或 GB/T 5009.90		
	锌	GB 5413.21 或 GB/T 5009.14		
	锰	GB 5413.21 或 GB/T 5009.90		
	钙	GB 5413.21 或 GB/T 5009.92		

（续表）

指标	项目	检测标准	标准名称	主要仪器设备
矿物质	磷	GB 5413.22 或 GB/T 5009.87	婴幼儿食品和乳品中磷的测定	紫外分光光度计
	碘	GB 5413.23	婴幼儿食品和乳品中碘的测定	气相色谱、ECD 检测器
	氯	GB 5413.24	婴幼儿食品和乳品中氯的测定	滴定装置
	硒	GB 5009.93	食品中硒的测定	荧光分光光度计
可选择性指标	脲酶	GB 5413.31	婴幼儿食品和乳制品中脲酶的测定	水浴锅、10 mL 比色管
污染物限量	硝酸盐、亚硝酸盐	GB 5009.33	食品中亚硝酸盐与硝酸盐的测定	分光光度计、还原镉柱
真菌毒素限量	黄曲霉毒素 M1、B1		试剂盒检测法	酶标仪、黄曲霉 M1、B1 试剂盒（定性检验）
微生物限量	菌落总数	GB 4789.2—2010	食品微生物学检验菌落总数测定	恒温培养箱、压力灭菌锅、无菌操作台
	大肠菌群	GB 4789.3—2010	食品微生物学检验大肠菌群计数	恒温培养箱、压力灭菌锅、无菌操作台
	霉菌、酵母菌	GB 4789.15—2010	食品微生物学检验霉菌和酵母菌计数	恒温培养箱、压力灭菌锅、无菌操作台
	商业无菌	GB 4789.26—2013	食品微生物学检验商业无菌检验	恒温培养箱、显微镜、无菌操作台

第八节　特医食品注册信息

如表 2-3 所示,截至 2019 年 2 月,国家市场监督管理总局共注册批准的有 8 家企业的 24 款产品。在图 2-2 中对上述已批准的产品做了归纳和汇总,可以看出其中以特殊医学婴幼儿配方食品居多,其中外企现有 19 款产品获批;国企现有 5 款产品获批。特殊医学用途婴儿配方食品有 20 款产品;特殊医学用途非全营养配方食品有 3 款产品;特殊医学用途全营养配方食品有 1 款产品。

表 2-3　特殊医学用途配方食品注册信息

序号	注册号	产品名称	企业名称
1	国食注字 TY20175001	纽康特特殊医学用途婴儿配方粉氨基酸配方	SHS International Ltd.
2	国食注字 TY20175002	雅培亲护特殊医学用途婴儿配方粉乳蛋白部分水解配方	Abbott Laboratories S. A.
3	国食注字 TY20175003	菁挚呵护特殊医学用途婴儿配方粉乳蛋白部分水解配方	Abbott Laboratories S. A.
4	国食注字 TY20180001	贝因美特殊医学用途婴儿配方食品无乳糖配方	杭州贝因美母婴营养品有限公司
5	国食注字 TY20180002	舒乐加特殊医学用途非全营养配方食品电解质配方	苏州恒瑞健康科技有限公司
6	国食注字 TY20180003	乐棠特殊医学用途非全营养配方食品电解质配方	苏州恒瑞健康科技有限公司
7	国食注字 TY20180004	优博敏佳特殊医学用途婴儿配方食品乳蛋白部分水解配方	圣元营养食品有限公司
8	国食注字 TY20180005	优博安能特殊医学用途婴儿配方食品早产/低出生体重婴儿配方	圣元营养食品有限公司
9	国食注字 TY20185001	纽贝瑞特殊医学用途婴儿配方粉苯丙酮尿症配方	SHS International Ltd.

（续表）

序号	注册号	产品名称	企业名称
10	国食注字 TY20185002	亲舒特殊医学用途婴儿配方粉乳蛋白部分水解配方	美赞臣荷兰有限责任公司
11	国食注字 TY20185003	喜康宝贝初特殊医学用途婴儿配方奶早产/低出生体重婴儿配方	Abbott Nutrition，Abbott Laboratories
12	国食注字 TY20185004	喜康宝贝育特殊医学用途婴儿配方奶早产/低出生体重婴儿配方	Abbott Nutrition，Abbott Laboratories
13	国食注字 TY20185005	安儿宝特殊医学用途婴儿配方粉无乳糖配方	美赞臣荷兰有限责任公司
14	国食注字 TY20185006	早瑞能恩特殊医学用途婴儿配方食品早产/低出生体重婴儿配方	雀巢荷兰有限公司
15	国食注字 TY20185007	小安素©特殊医学用途配方食品全营养配方	Abbott Manufacturing Singapore Private Limited
16	国食注字 TY20185008	安婴宝特殊医学用途婴儿配方粉早产/低出生体重婴儿配方	美赞臣荷兰有限责任公司
17	国食注字 TY20185009	雅培喜康宝特殊医学用途婴儿配方粉早产/低出生体重婴儿配方	Abbott Laboratories S. A.
18	国食注字 TY20185010	纽荃星特殊医学用途婴儿配方食品早产/低出生体重婴儿配方	Milupa GmbH
19	国食注字 TY20185011	纽贝臻特殊医学用途非全营养配方粉苯丙酮尿症配方	SHS International Ltd.
20	国食注字 TY20185012	蔼儿舒特殊医学用途婴儿配方食品乳蛋白深度水解配方	Nestle Nederland B. V.
21	国食注字 TY20185013	喜康宝贝添特殊医学用途婴儿配方食品母乳营养补充剂	Abbott Nutrition
22	国食注字 TY20195001	早启能恩特殊医学用途婴儿配方食品早产/低出生体重婴儿配方	Nestlé Deutschland AG
23	国食注字 TY20195002	超启能恩特殊医学用途婴儿配方食品乳蛋白部分水解配方	Nestlé Deutschland AG
24	国食注字 TY20195003	安儿宁能恩特殊医学用途婴儿配方食品无乳糖配方	Nestle Nederland B. V.

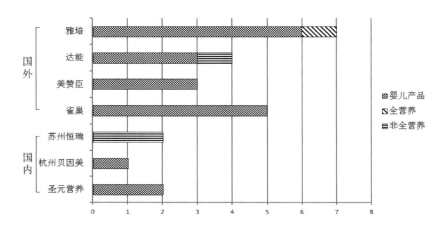

图 2-2　截至 2019 年 2 月末已经批准特医食品品牌及类别分析

第三章

特医食品的开发流程

第一节　特医食品开发的思路及配方设计依据

一、特医食品开发的思路

特医食品虽然有具体的注册方法，但迄今获批的产品还不多，还有不少细分领域尚无对应产品，所以有志于此的企业应该及早采取行动，抢占市场先机。特医食品的研发团队需要不断积累丰富的知识和经验，并在开发及产业化过程中勇于实践，才能获得符合审批要求，且蕴含创新精神的好产品。

如图 3-1 所示，在产品开发的过程中，要时刻关注原料筛选、市场支持、产品注册申报、配方设计、法规和技术文献档案、小试和中试六个方面的互作，确保所开发产品合乎最新规范、配方及工艺创新、填补市场需求空缺、小试数据翔实、中试放大可行。

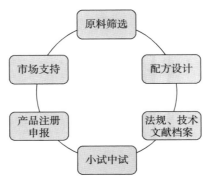

图 3-1 特医食品开发的关键因素

二、产品形态选择

(一) 现有产品形态

在特医产品的形态上,国际市场可见粉剂、液体、半固体、凝胶态、固体等品类,如图 3-2 所示,图 3-3 是某著名企业在美国市场上在售的不同形态特医产品,可见其产品类别之丰富。不过,在对国内已批准的 18 种上市产品的汇总中我们则发现,市场上的产品形态只有粉剂,没有发现其他类型。

图 3-2 典型特医食品粉剂产品(蛋白粉和低聚肽组件)

图 3-3　典型特医食品乳剂产品(蛋白乳液和脂肪乳液)

液体制剂具有下列独特的优越性:便于口服、流动性好、生物利用程度高、颗粒很小可减少对胃肠道的刺激、可将大剂量药物制成缓控释制剂。但是液体制剂属多相复合热力学不稳定体系,随着时间的增加,会发生絮凝、上浮或沉淀等物理不稳定现象。因此国内生产厂家多选择生产传统剂型形态的粉剂产品。目前已批准的特医产品均为固体制剂,我们建议新进入的企业可以推进乳剂等新剂型的研究和市场拓展,把握住先机。

(二)长期稳定的肠内营养乳剂案例

如图 3-4 以及表 3-1 所示,是某品牌乳剂产品的外观和具体特征,其基本消费信息为 1.0 cal①/mL,由乳清肽、70%MCT 组成,支持喂养耐受性,口腔和管饲服用。本品针对下述情况的营养管理:胃肠道损伤;吸收不良;胃排空延迟;腹泻;短肠综合征;囊性糠疹;胰腺炎;早期肠内营养支持;从全肠外营养(Total Parenteral Nutrition,TPN)过渡或同时进行营养支持。其配方组成成分包括如下 46 种或亲水或疏水、理化特性各不相同的配料,可以看出将这些配料通过精

①　1 卡(cal)=4.18 焦耳(J)。

巧配方设计和精细工艺调整,而能获得乳状液长期稳定的乳剂,并非易事。

配料表:水,麦芽糊精,部分水解乳清蛋白(牛奶来源)、糖、中链甘油三酯(椰子油/棕榈仁油来源),玉米淀粉,大豆油,豆卵磷脂,人工香料,磷酸三钙,瓜尔胶,柠檬酸钾,磷酸钠,氯化镁,抗坏血酸钠(维生素 C),氯化胆碱,柠檬酸钙,钾氯化钠、柠檬酸钠、胰蛋白酶、氧化镁、胡萝卜素、牛磺酸、左旋肉碱、硫酸锌、亚铁硫酸铁、dl-生育酚乙酸酯(维生素 E)、烟酰胺、泛酸钙(泛酸)(酸),柠檬酸,硫酸锰,吡啶盐酸,硫酸铜,核黄素,硫胺素单硝酸盐,维生素 A 棕榈酸盐,生物素,叶酸,维生素 D3,氯化铬,氰钴胺,维生素 K1,碘化钾(碘)、钼酸钠(钼),硒酸钠(硒),二甲聚硅氧烷。

图 3-4　某品牌肠内营养乳剂产品外观

表 3-1　某品牌肠内营养乳剂产品特征

能量密度	1.0 cal/mL
蛋白质	16%
碳水化合物	49%
脂肪	35%
蛋白质来源	部分水解乳清蛋白(牛奶)
碳水化合物来源	麦芽糊精,蔗糖(香草),玉米淀粉

（续表）

脂肪来源	MCT(椰子和/或棕榈仁油)，大豆油
NPC：N 比例	131：1
n6：n3 比例	7.4：1
MCT：LCT	70：30
水含量	850 mL/1 000 mL
渗透压	270 mOsm/kg 水-无香 380 mOsm/kg 水-香草
犹太认证	N
无麸质	Y
无乳糖	Y(半乳糖血症患者不适用)
低残留	Y
用于重力/泵送的最小管道尺寸	≥8 gravity；≥5 pump assisted

三、配方设计依据

依照《食品安全国家标准特殊医学用途配方食品通则（GB 29922—2013）》的基本要求，特殊医学用途配方食品的配方应以医学和（或）营养学的研究结果为依据，其安全性及临床应用（效果）均需要经过科学证实。

1) 对于特定全营养配方食品和非全营养配方食品，其配方设计首先应符合本标准的要求，同时还应符合特定疾病类型目标人群的特殊营养需求，确保该类产品以起到为目标人群提供适宜的营养支持和改善生活质量的作用。生产企业应在大量科学研究的基础上，参考权威文献设计配方并进行临床使用效果的观察，已保证这类产品的安全性和有效性。

2) GB 29922 未对特定全营养配方食品营养素种类和限量进行

具体规定。

（1）通则仅规定以全营养配方食品为基础，依据特定疾病的病理生理变化对部分营养素进行适当调整。

（2）适宜人群处于特定疾病状态，营养需求异质化，营养素设置是否合理必须经过临床验证，以确保产品的安全性、营养充足性和特殊医学用途临床效果。

（3）最后，需要在高质量原辅料（基于患者身体状况）、严格的质量控制体系（等同于药品）、科学的配方（疾病代谢特点及患者身体状况）三个方面均衡考虑，以臻完美。

第二节　特医食品可用的食品原料

特医食品的基础处方组成一般包括：脂肪（大豆油、中链甘油三酸酯、鱼油、橄榄油等）、蛋白质及氨基酸（必需氨基酸、非必需氨基酸）、电解质及微量元素、维生素、碳水化合物（膳食纤维、糖等）。

一、碳水化合物

碳水化合物是生命细胞结构的主要成分及主要供能物质，并且有调节细胞活动的重要功能。特医食品常用碳水化合物相关原料如下。

（1）碳水化合物原料：葡萄糖、果糖、麦芽糊精、大豆多糖、玉米淀粉、木薯淀粉、变性淀粉、抗性淀粉、大米粉、糯米粉等。

（2）膳食纤维原料：菊粉、魔芋粉、燕麦纤维、大豆纤维、低聚果糖、低聚半乳糖、低聚异麦芽糖、抗性糊精、聚葡萄糖、大豆低聚糖、β-环状糊精等。

二、蛋白质及氨基酸

蛋白质是一切生命的物质基础,机体的新陈代谢和生理功能都依赖蛋白质的不同形式得以正常进行,蛋白质占人体 $16\%\sim20\%$,其基本组成单位是氨基酸。GB 29922 中规定:适用于 10 岁以上的人群的全营养配方食品所含的蛋白质含量应不低于 0.7 g/100 kJ(3 g/100 kcal),其中优质蛋白质所占比例不少于 50%。特医食品中用到的蛋白相关原料主要包括大豆蛋白、乳清蛋白、酪蛋白及一些功能性的支链氨基酸等。

(1) 大豆蛋白:特医食品中一般选用蛋白质含量在 90% 以上的大豆分离蛋白(SPI)作为蛋白质原料。

(2) 牛奶蛋白:又称牛乳蛋白,主要由酪蛋白和乳清蛋白两大部分组成。乳清蛋白是指溶解分散在乳清中的蛋白,约占乳蛋白质的 $18\%\sim20\%$,包含 α-乳清蛋白、α-乳白蛋白、乳铁蛋白。

(3) 精氨酸:在哺乳动物中,精氨酸被分类为半必要或条件性必要的氨基酸,视乎生物的发育阶段及健康状况而定。临床试验研究结果表明,0.5 g/100 kcal 精氨酸能起到增强患者的免疫功能、减少术后感染的发生率的作用(GB 29922)。

(4) 谷氨酰胺:是一种必需氨基酸,是人体含量最高的游离氨基酸,同时也是肠道黏膜细胞的主要能量物质。在创伤、手术等严重应激状况下,机体对谷氨酰胺的需要量远大于内源性谷氨酰胺的产生量,补充谷氨酰胺可增强免疫和肠黏膜屏障功能,防止细菌易位和肠道毒素入血,改善体内氮平衡。

(5) 牛磺酸(Taurine):又称 β-氨基乙磺酸,是一种含硫的非蛋白氨基酸。牛磺酸在脑内的含量丰富、分布广泛,能明显促进神经系统的生长发育和细胞增殖、分化,且呈剂量依赖性,在脑神经细胞发育过程中起重要作用。牛磺酸还能提高神经传导和视觉机能，补充牛磺酸可以增进眼睛角膜的自我修复能力，预防眼科疾病。

三、脂肪

脂肪是人体能量的主要来源，具有为机体提供和储存能量、促进脂溶性维生素的吸收、维持体温、保护脏器等重要作用。脂类也是人体细胞组织的组成成分，如细胞膜、神经髓鞘的形成都必须有脂类参与。特医食品中脂肪组分可选用长链甘油三酯（LCT）、中链甘油三酯（MCT）或其他法律法规批准的脂肪（酸）来源。常用原料包括玉米油、大豆油、葵花籽油、橄榄油、椰子油及一些功能性原料。

（1）中链甘油三酯（MCT）：一般把含有 6～12 个碳原子组成碳链的脂肪酸称为中链脂肪酸（MCFA），其被甘油酯化就生成 MCT。典型的 MCT 是指饱和辛酸、癸酸或辛酸-癸酸混合甘油三酯。MCT具有凝固点低、无臭、无色、不饱和脂肪酸的含量极低、稳定性好、链长较短、可实现快速供能等特点。

（2）花生四烯酸（Arachidonic Acid，ARA）：学名二十碳四烯酸，是半必需脂肪酸，在人体内只能少量合成。属 Omega-6 族长链多元不饱和脂肪酸。

（3）亚油酸（Linoleic Acid）：十八碳二烯酸是人体必需脂肪酸，在人体内能转化为花生四烯酸（ARA），是 ARA 的前体。

（4）DHA：是二十二碳六烯酸的缩写，属于多不饱和脂肪酸的一种。

（5）胆碱：胆碱是神经递质乙酰胆碱的前体，具有促进大脑发育、提高记忆力及信息传递的作用。

（6）磷脂：磷脂是含有磷脂根的类脂化合物，是生命基础物质。而细胞膜就由 40% 左右蛋白质和 50% 左右的脂质（磷脂为主）构成。

第三节 特医食品可用的食品配料

一、功能性配料及组合

功能食品的发展离不开功能配料,功能配料又在很大程度上带动了功能食品的发展,使之在不同的功能领域不断延伸,为人类的健康贡献了重要的力量。功能性配料是指在功能食品中起到生理作用的有效成分即功能因子,目前比较广泛使用的功能性配料包括益生元、益生菌、膳食纤维、矿物质、维生素、功能性糖醇、植物甾醇等。

(1)益生元 益生元(Prebiotics)是由 G. R. Gibson 等在 1995 年首次提出的概念,是指一些不被宿主消化吸收却能有选择地促进其体内双歧杆菌等有益菌的代谢和增殖,从而改善宿主健康的有机物质,常称双歧因子[1]。目前常用的益生元主要包括菊粉(Inulin)、低聚果糖(FOS)、低聚木糖(XOS)、低聚半乳糖(GOS)、低聚异麦芽糖(IMO)、低聚乳果糖(LACT)、大豆低聚糖(SOS)、水苏糖、棉子糖等[2],有些微藻类也可作为益生元如螺旋藻、节旋藻等,天然植物中的蔬菜、中草药、野生植物等也能作为益生元使用[3-5]。益生元的生理功能包括[6]:① 调整肠道菌群平衡:人体试验也表明,各种难消化低聚糖可促进人体大肠中双歧杆菌的增殖;② 产生有机酸:低聚果糖、低聚木糖和低聚乳糖等,经食用后直达大肠,在结肠中被大肠菌群发酵作为能源而利用,并产生有机酸,有机酸可降低肠道 pH 值,造成不利于病源菌生存的环境,有效抑制肠道腐败,提高对矿物元素的吸收率,促进肠道蠕动而有利于排便;③ 改善脂质代谢,降低胆固醇、血脂和血糖;④ 促进矿物元素的吸收。

(2)聚葡萄糖 聚葡萄糖作为一种性能良好的水溶性膳食纤

维,因具有热量低、稳定性好、耐受性高等特点而引起人们的关注。聚葡萄糖作为一种广泛应用的膳食纤维,具有重要的理化性质及功能特性。其理化特性主要包括保湿性好、稳定性高、可矫正冰点等。功能特性主要包括低热量、调节肠道平衡、降低甘油三酯和胆固醇、促进钙镁吸收、提高免疫力和抗龋齿性等。因其具有特殊的生理保健功能特性,在食品、医药、保健等多个领域有着较大的发展潜力[7]。

（3）赤藓糖醇　赤藓糖醇是一种天然、零热量、可替代蔗糖的填充型甜味剂,不引起血糖升高,不致胖,防龋齿。天然是指其为生物发酵糖醇;零热量是指口感清凉、发热量低,仅为蔗糖发热量的 1/10,甜蜜无负担。赤藓糖醇是低糖低热量天然食品研发的首选配料[8]。

（4）番茄红素（Lycopene）　番茄红素是植物、藻类及一些微生物体内生物合成中形成脱落酸及其他类胡萝卜衍生物的中间物,属于类胡萝卜素的一种,主要分布于番茄、西瓜、芒果、胡萝卜、葡萄和木瓜等果实中[9]。番茄红素抗氧化能力强,其抗氧化能力是 β-胡萝卜素的 2.0～3.2 倍,维生素 E 的 100 倍,是迄今为止所发现的抗氧化能力最强的物质之一[10,11]。同时,番茄红素还具有抗癌、预防心血管疾病、降血糖及增强免疫等作用。

（5）大豆异黄酮（Soy Isoflavones,SIF）　大豆异黄酮是一种天然的雌激素,是大豆生长过程中形成的次级代谢产物,主要分布在大豆的种皮、胚轴和子叶中[12]。大豆异黄酮的生物活性为预防骨质疏松、预防心血管病、缓解更年期综合征。

二、食品配料及质构改良剂

食品配料的种类包括水分保持剂、抗结块剂、膨松剂、乳化剂、增稠剂、增筋剂、酸度调节剂、甜味剂、着色护色剂、食品保鲜剂、抗氧化剂、面粉增白剂、酶制剂、水质改良剂等。食品用质构改良剂主要包括乳化剂和增稠剂两大类,用于改善食品及其原料的感官性状,增进色、香、味,改变质地,赋予食品一定的形态和质构,满足食品加工工艺性能。

(1)乳化剂 在自然界中,水和油是两种不相溶的物质。为了使水分散到油中,通常使用乳化剂使不相溶的油水两相乳化形成稳定的乳化液[13]。乳化剂能改善(减小)乳化体中各种构成相之间的表面张力,形成均匀分散体的物质。乳化剂食品行业中常用作食品添加剂,它一方面在原料混合、融合等加工过程中起乳化、分散、润滑和稳定作用,另一方面起着提高食品品质和稳定性的作用。特医食品的剂型主要分成粉剂和乳剂两大类别,其配方中包含了多种理化特性迥异、亲水/疏水性各不相同的成分,而乳化剂对于乳剂产品形成稳定的乳状液状态,乃至由其干燥制粒制成粉剂是必不可少的。

(2)增稠剂 食品增稠剂通常是指亲水性强,并在一定条件下充分水化形成黏稠、滑腻或胶冻液的大分子物质,又称食品胶[14]。增稠剂的作用[15]主要是为了提高食品的黏度或形成凝胶、保持体系相对稳定性的亲水性物质,从而改变食品的物理性状、赋予食品黏润、适宜的口感,并兼有乳化、稳定或使呈悬浮状态作用的物质。概括起来增稠剂作用主要是增稠作用、稳定作用、胶凝作用、保水作用等。增稠作用使原料从容器挤出时赋予食品更好的口感。

第四节　不同类别特医食品配方设计

一、配方设计原则

在产品开发启动之前,需要根据目标消费群体来确认产品开发中的一些关键问题,比如:① 如何选择营养素? ② 如何确定营养素用量? ③ 如何选择能量密度? ④ 如何确定 CN 比? ⑤ 如何确定渗透压? ⑥ 如何确定口感? ⑦ 如何确定营养素来源? 如表 3-2 所示,是不同人群对应的能量密度、蛋白含量、水用量的常用基础数据,可以在开发过程中参考。

表 3-2 特医食品配方常用基础数据

能量密度	蛋白质含量	水的用量
常规:1~1.2 kcal/mL;高能量:2 kcal/mL	可行值:占能量比例的 4%~26% 常用值:占能量比例的 14%~16% 高蛋白:占能量比例的 18%~26%	健康成年人:1 mL/kcal 或 35 mL/kg 健康婴儿:1.5 mL/kcal 或 150 mL/kg 正常管饲:1 kcal/mL;或含 80%~85% 老年人:对有肾、肝或心脏衰竭的病人用 25 mL/kg,对于脱水采用 35 mL/kg 的补水量

二、非全营养配方食品[16]

非全营养配方食品是指可满足目标人群部分营养需求的特殊医学用途配方食品。非全营养配方食品是按照产品组成特征来进行分类的。由于非全营养配方食品不能作为单一营养来源满足目标人群的营养需求,该类产品应在医生或临床营养师的指导下,按照患者个体的特殊医学状况,与其他特殊医学用途配方食品或普通食品配合使用。根据国内外法规、使用现状和组成特征,常见的非全营养配方食品包括营养素组件、电解质配方、增稠组件、流质配方和氨基酸代谢障碍配方等。表 3-3 列举了常见非全营养配方食品的主要技术要求。

表3-3 常见非全营养配方食品的主要技术要求

产品类别		配方主要技术要求
营养素组件	蛋白质(氨基酸)组件	1. 由蛋白质和(或)氨基酸构成;2. 蛋白质来源可选择一种或多种氨基酸、蛋白质水解物、肽类或优质的整蛋白
	脂肪(脂肪酸)组件	1. 由脂肪和(或)脂肪酸构成;2. 可以选用长链甘油三酯(LCT)、中链甘油三酯(MCT)或其他法律法规批准的脂肪(酸)来源
	碳水化合物组件	1. 由碳水化合物构成;2. 碳水化合物来源可选用单糖、双糖、低聚糖或多糖、麦芽糊精、葡萄糖聚合物或其他法律法规批准的原料
电解质配方		1. 以碳水化合物为基础;2. 添加适量电解质
增稠组件		1. 以碳水化合物为基础;2. 添加一种或多种增稠剂;3. 可添加膳食纤维
流质配方		1. 以碳水化合物和蛋白质为基础;2. 可添加多种维生素和矿物质;3. 可添加膳食纤维
氨基酸代谢障碍配方		1. 以氨基酸为主要原料,但不含或仅含少量与代谢障碍有关的氨基酸;2. 添加适量的脂肪、碳水化合物、维生素、矿物质和(或)其他成分;3. 满足患者部分蛋白质(氨基酸)需求的同时,应满足患者对部分维生素及矿物质的需求

三、不同疾病对应的特定全营养配方食品

特定全营养配方食品是指可作为单一营养来源,能够满足目标人群在特定疾病或医学状况下营养需求的特殊医学用途配方食品,按照不同年龄段分为两类。GB 29922《特殊医学用途配方食品通则》附录中列出了目前临床需求量大、有一定使用基础的13种常见特定全营养配方食品。特定全营养配方食品的适应人群一般指单纯患有某一特定疾病且无并发症或合并其他疾病的人群。如表3-4所示,

列出了针对常见疾病开发特定全营养配方食品时的配方特点。

表3-4 不同疾病对应的配方开发特点

序号	病症	配方特点
1	肝病	肽＋氨基酸配方、精氨酸、谷氨酸
2	胃肠道功能不全者,肝肾病患者,大面积烧伤	短肽配方
3	增强免疫力	全营养、短肽配方、大豆短肽
4	咀嚼困难、食道梗阻	$\omega-3$脂肪酸、高脂低糖
5	癌症	精氨酸、核酸、$\omega-3$脂肪酸
6	高血糖人群	缓释碳水化合物、低碳水化合物含量、不饱和脂肪酸、低血糖配方
7	胃肠道功能差、易腹泻、胆囊炎、胆道手术患者	整蛋白、低渗透压
8	部分胃功能、脂质代谢障碍、进食困难	高蛋白、高MCT配方
9	高代谢肠内营养	以氨基酸为氮源
10	低蛋白血症、胃肠道不适应	脂肪酸、精氨酸
11	手术后、术后伤口恢复	高蛋白质、矿物质锌、β-葡聚糖、维生素A、β-胡萝卜素

在接下来的三节中,我们撷取了糖尿病、癌症、痛风三种典型的疾病所用的全营养配方特医食品为例逐一说明在配料选择、配方设计方面的要求和诀窍,以供读者在具体的开发工作中参考。

第五节 糖尿病病人用全营养配方食品设计

糖尿病营养支持的主要目的有三项:提供适当的营养物质和热量,将血糖控制在基本接近正常水平;降低发生心血管疾病的危险因素,预防糖尿病的急慢性并发症;改善整体健康状况,提高病人的生活质量。糖尿病特医食品配方中基本成分的要求如表 3-5 所示,其产品的正常能量密度为 0.9~1.2 kcal/mL,渗透压等渗<350 mOsm/kg H_2O。

表 3-5　糖尿病特医食品配方基本成分要求

营养素	供能比含量	常用来源	配方特征
碳水化合物	45%	麦芽糊精、膳食纤维、缓释淀粉(木薯淀粉、玉米淀粉)	降低碳水化合物总量,添加膳食纤维,尤其是其中可溶性膳食纤维的比例等,有利于避免餐后血糖高峰
脂肪	36%~40%	大豆油、MCT	增加单不饱和脂肪酸(MUFA),有利于心血管的脂肪组成,提高胰岛素敏感性,降低胰岛素抵抗
蛋白质	16%~18%	大豆蛋白、酪蛋白	大豆蛋白含大豆异黄酮,干扰葡萄糖吸收

在糖尿病用特医食品的配方中,对各项原料和辅料也有具体的要求。

一、碳水化合物

糖尿病用特医食品中的碳水化合物分为如下几类,优先使用可以降低血糖指数的类别。

(1)缓释淀粉(木薯淀粉、玉米淀粉)　经高温酸化处理的玉米淀粉和木薯淀粉可聚集成脂类-淀粉复合物,降低淀粉酶水解和消化道吸收的速度,从而可降低餐后血糖水平[17]。

(2)果糖　不依赖胰岛素代谢,不引起血糖及胰岛素波动,以游离果糖形式摄取的果糖(存在于食物中,例如水果)和等能量的蔗糖或淀粉相比,有助更好地控制血糖,并且游离果糖只要不摄入过量(＞总能量 12%),就不会对血清甘油三酯产生不利影响[18]。

(3)麦芽糊精 目前国内上市的肠内营养产品,经常使用麦芽糖糊精,比缓释淀粉消化吸收明显。

(4)非营养型甜味剂(NNSs)与低能量甜味剂 在不从其他食物中摄取额外能量的情况下,使用 NNSs 替代能量型甜味剂,能减少能量和碳水化合物的总摄入[18]。

(5)膳食纤维 添加膳食纤维,尤其是可溶性膳食纤维,可以延缓血糖吸收,减少血糖波动。糖尿病特医食品中所用的膳食纤维来源和通常的特医食品相同,如大豆多糖、低聚糖果糖、果糖寡聚体(FOS)、低聚果糖、菊粉、阿拉伯胶、大豆纤维、耐消化淀粉、纤维素等。根据美国糖尿病协会(ADA)的建议,糖尿病用液态特医食品中理想的膳食纤维含量为 1.2～1.5 g/100 mL,膳食纤维总摄取量应为 20～35 克/天。

二、脂肪

糖尿病用特医食品中常使用富含单不饱和脂肪酸、低饱和脂肪酸,不含反式脂肪、提高胰岛素敏感性、降低胰岛素抵抗的大豆油、葵花籽油等。在配方中,脂肪中的 65%～70% 的热卡由单不饱和脂肪酸提供,饱和脂肪酸的供能比应不超过 10%,常使用中链甘油三酯(MCT)。

三、蛋白质

糖尿病用特医食品中常使用大豆蛋白作为蛋白源,其中含大豆异黄酮,有干扰葡萄糖吸收、降低胰岛素抵抗的效果。

四、其他营养素

没有明确证据表明,维生素或矿物质补充剂对不存在缺乏的糖尿病患者有益。由于缺乏有效证据且出于长期安全性考虑,不推荐常规性补充抗氧化剂,例如维 E、维 C 等。没有足够证据支持糖尿病患者应常规性服用微量营养素如铬、镁及维生素 D,以改善血糖控制。糖尿病用特医食品中钠的含量应不低于 7 mg/100 kJ(30 mg/100 kcal),不高于 42 mg/100 kJ(175 mg/100 kcal)。每日摄入 1.6～3 g 膳食来源的植物甾烷醇或植物固醇对糖尿病和血脂异常的患者降低总胆固醇和低密度脂蛋白胆固醇有益。

第六节　肿瘤病人用全营养配方食品设计

一、肿瘤营养诊疗的重要性

2015 年中国肿瘤登记年报显示,全国新发肿瘤病例 429 万,死亡肿瘤病例 281 万,肿瘤已经成为中国名副其实的常见疾病,成为居民第一死亡原因。在《2016 肿瘤患者特殊医学用途配方食品应用专家共识发布》中,其共识是:中国在治疗肿瘤方面与发达国家最大差距不是手术、放化疗,更不是靶向治疗或生物治疗,而是以营养为主的支持治疗。因此,必须将肿瘤营养提高到肿瘤治疗的战略层面,大力研究规范化肿瘤营养诊疗,其核心原因在于:

(1)肿瘤患者的营养不良影响疾病预后,放化疗加重患者营养不良,需适当地营养补充;

(2)肠内营养可减少肿瘤患者体重丢失,提高患者对放化疗的耐受性;

（3）肠内营养制剂中，短肽无须消化直接吸收，胃肠负担小、营养补充快。

二、肿瘤患者的专业营养配方基本原理

如图3-5所示，是根据肿瘤患者的营养、能量需求，基于临床实践总结出的三大营养配方基本原理。而根据这些基本原理，我们可以得到如图3-6所示的配方特征，以及表3-6所示的各营养素的含量配比及其文献来源。

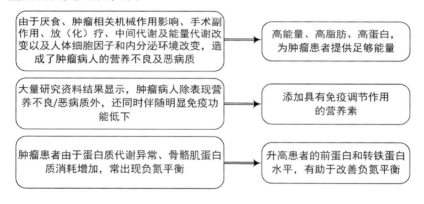

图3-5 肿瘤患者的营养配方基本原理

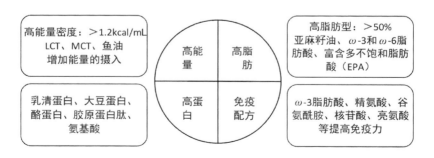

图3-6 肿瘤患者的营养配方特征

表3-6 肿瘤患者的营养配方含量配比

营养素	用量推荐	文献来源/功效备注
蛋白质	应高于1 g/(kg 体重/d)	《欧洲肠外肠内营养学会指南》
	每日每千克理想体重供给蛋白质1 ~ 2g	《现代临床营养学(第二版)》
	产品中应不低于0.8 g/100 kJ(3.3 g/100 kcal)	《特殊医学用途配方食品通则》
谷氨酰胺	其在产品中的含量应为0.04 ~ 0.53 g/100 kJ	《特殊医学用途配方食品通则》合成核酸、类脂和其他氨基酸的前体,并能改善氮贮留,缓解肌肉蛋白的降解。可起到提高肿瘤患者机体免疫功能、减低感染风险的作用
精氨酸	含量应不低于0.12 g/100 kJ(0.5 g/100 kcal)	《特殊医学用途配方食品通则》提高肿瘤患者机体免疫功能、减低感染风险的作用
亮氨酸	含量应不低于0.03 g/100 kJ(0.13 g/100 kcal)	《特殊医学用途配方食品通则》亮氨酸及其代谢产物可减少肌肉蛋白和肝脏等内脏蛋白的分解,促进蛋白合成,减少蛋白质的过度消耗,纠正负氮平衡,因此能够缓解肿瘤患者恶液质,减缓体重的丢失
脂肪	$\omega - 3$脂肪酸(以EPA和DHA计)在配方中的供能比为1%~6%,同时对亚油酸和α-亚麻酸的供能比不再做相应要求	《特殊医学用途配方食品通则》
膳食纤维		帮助机体清除自由基,促进伤口愈合,保护肠黏膜屏障,调节肠道功能

第七节 适合痛风人群的营养配方食品

一、痛风特医食品市场

痛风是一种因体内嘌呤代谢紊乱引起血中持续高尿酸水平而导致的关节病变和肾脏病变。据调查,我国现有痛风患者约 1 500 万人,而无症状的高尿酸血症者,即痛风的"后备军"人数则高达 1.3亿人[19]。痛风已经成为我国仅次于糖尿病的第二大代谢类疾病,肆意吞噬着人们的健康。痛风是一种由于嘌呤生物合成代谢增加,尿酸产生过多或因尿酸排泄不良而致血中尿酸升高,尿酸盐结晶沉积在关节滑膜、滑囊、软骨及其他组织中引起的反复发作性炎性疾病。

二、痛风人群营养治疗基本特征

痛风饮食营养治疗总原则为"三低一高",即低嘌呤饮食、减轻体重、低盐低脂膳食和大量饮水[20]。迄今为止在国内尚未出现针对痛风的特医食品成品,笔者的产品开发也尚在途中,因此这里简述其营养治疗的基本特征,以待方家指正。

低嘌呤饮食:目前主张根据不同的病情,决定膳食中的嘌呤含量,主要限制含嘌呤高的食物。食物中嘌呤的含量规律为内脏>肉、鱼>干豆、坚果>叶菜>谷类>淀粉类、水果。

节制总热量,消除超重或肥胖,肥胖是痛风的危险因素之一,70%以上的痛风患者均超过其标准体重。所以必须控制每天饮食中的总热量,减轻体重,以达到理想体重(身高-105 cm)为目标,痛风病人的饮食以控制在正常人食量的 80%~90% 为妥,不要禁食和过度饥饿。

适量摄入蛋白质:蛋白质的摄入应以植物蛋白为主,每日 50～70 g,有肾脏病变者应采用低蛋白饮食。限制蛋白质及肉类的摄入,标准体重蛋白质可按 0.8～1.0 g/kg 供给,全天在 40～65 g,以植物蛋白为主。

供给适量的碳水化合物:应以植物性食物为热量的主要来源,如面粉、米类。尽量少食蔗糖和甜菜糖,因为它们分解后会产生果糖,而果糖能增加尿酸生成。蜂蜜含果糖亦较高,不宜食用。

低盐低脂膳食:食盐中的钠有促使尿酸沉淀的作用,加之痛风多合并有高血压、冠心病及肾病等,所以痛风患者应限盐,每天不超过 3 g。

多喝水:多饮水是为了增加排尿量,利于尿酸排出,防止尿酸盐的形成和沉积。只要肾功能正常,痛风病人每天喝水 2 000～3 000 mL较理想,保持尿量 2 000 mL 以上。为防止尿液浓缩,病人应在睡前或半夜也要饮水。

第八节　肠内营养制剂的评价及验证

根据肠内营养用制剂的组成、病人的代谢需要与胃肠道功能有关参数的重要性,可将评价参数分为主要参数和次要参数,以下分别阐述。

一、主要参数

主要参数用以评定制剂的热量与蛋白质水平。

(1) 热量密度　热量密度决定热量摄入,与其他营养素亦有关,与制剂水分含量成反比,故对高度应激患者采用高热量密度制剂时,应额外补充水分,以防脱水。现有商品制剂的热量密度分为 1 kcal/

mL、1.5 kcal/mL 和 2 kcal/mL 三种。

（2）蛋白质含量　蛋白质含量以蛋白质产热量占总热量的百分率（即热量分配％）表示。高氮制剂的蛋白质热量大于 20％（22％～24％），标准制剂的蛋白质热量低于 20％。

（3）蛋白质来源　蛋白质来源包括整蛋白、蛋白质水解物和氨基酸。以整蛋白为氮源的制剂适用于胃肠道功能正常的病人。

（4）投给途径　商品制剂有的适用管饲或口服，有的因以氨基酸或蛋白质水解物为氮源，口味不佳，仅用管饲。但加入香料或改变其形式（制成冻胶），可避免异味。

二、次要参数

对胃肠道或代谢上有特殊问题的病人，需考虑次要参数。

（1）渗透压　低渗透压制剂适用于低蛋白血症、液体入量受限的高代谢营养不良患者。渗透压越高，对胃肠道的抑制作用越明显。高于 550 mOsm/L 属于高渗溶液，可引发恶心、呕吐、腹泻等严重不良反应。一些整蛋白制剂渗透压相对较低，而多肽类及能量密度高、含盐类较高的制剂渗透压较高[21]。

（2）脂肪含量　脂肪含量以脂肪产热量占总热量的百分率（即热量分配％）表示，可分为三类：标准型（＜20％）、低脂肪型（5％～20％）及极低脂肪型（＜5％）。显著吸收不良、严重胰外分泌不足或高脂血症的病人宜用低脂肪型制剂。要素制剂的脂肪含量一般极低（＜1％），仅提供必需脂肪酸。

（3）脂肪来源　脂肪来源包括 LCT 或 MCT 或 LCT＋MCT 混合物。吸收不良或有 LCT 代谢异常的病人以 MCT 或 LCT＋MCF 供热为宜。

（4）膳食纤维素含量　含膳食纤维的肠内营养制剂包括两类，

添加水果及蔬菜泥的匀浆制剂和含大豆多糖纤维的非要素制剂,这对于长期接受肠内营养而易便秘者是重要的。要素制剂为无渣制剂。

(5)乳糖含量 乳糖不耐受者宜用无乳糖制剂。糖类来源对供热无影响,故一般不加考虑。

(6)电解质、矿物质及维生素含量 肠内制剂中三者含量大都相差甚微,但是 Hepatic-Aid 及 Amin-Aid 的钠含量较低,几乎不含钾及其他矿物质,应根据病人需要外加。多数完全肠内制剂,每提供 2 000 kcal 热量时,其维生素含量都可满足 RDA。当病人有维生素缺乏或需要增加时,则应另行补充。

(7)剂型 剂型包括液体和粉剂两种。前者有袋装、罐装与瓶装,在开启后均可直接使用;后者需复水配制,故有污染的可能。

三、食品流变学及理化特性评价

流变学是研究物质形态和流动的学科。食品流变学是食品、化学、流体力学间的交叉学科,主要研究的是食品受外力和形变作用的结构。由于食品物料的流变特性与食品的质地稳定性和加工工艺设计等有着重要关系,所以通过对食品流变特性的研究,可以了解食品的组成、内部结构和分子形态等,能为产品配方、加工工艺、设备选型及质量检测等提供方便和依据[22]。

食品流变学,主要研究食品原料、中间产品在加工过程中的变形和流动,以及最终产品在消费咀嚼过程中的变形与恢复。食品流变特性在生活中随处可见,如打蛋和搅蛋过程中蛋液的流动特性、和面时面团的弹性和变形、花生酱的涂抹等[21]。食品流变学特性的研究和精细调整,可以在特医食品开发中起到如下作用。

(1)指导新产品的开发 由于流变学研究深入食品质构,构成食品的各种组分、组分特性及加工条件，因此，只要积累足够的食品成分在各种条件下的流变特性及规律，人们就可在新产品的试制中利用这些研究成果，进行自我评定、修改试验条件，从而缩短新产品从实验室研究到实际生产的时间和层次，使其在实际生产中发挥作用。

（2）进行生产过程的质量控制　利用流变特性的静态检测、动态检测和蠕变实验评估和预测食品的稳定性。只要掌握发生变化的流变学数据，便可以在生产中进行有目的的质量控制。

四、感官评定验证

感官评定是一种测量、分析、解释由食品与其他物质相互作用所引发的，能通过人的味觉、触觉、视觉、嗅觉和听觉进行评价的一门科学。由于通常用化学方法测的定量指标并不能很好地解释某一感官评定的总体状况，而且化学检测并不能完全说明各感官元素的相互作用，故感官评定在食品行业中有着不可替代的作用。食品感官评定包含以下两方面内容。

（1）分析型感官评定　以人的感官测定物品的特性，对食品固有质量特性（色、香、味、形、质）的分析称为分析型感官评定。这些特性是食品本身所固有的，与人的主观变化无关，故不受人的主观影响。

（2）嗜好型感官评定　以物品的特性来获知人的特性或感受，对食品的感官质量特性的分析称为嗜好型感官评定。它受人的感知程度和主观因素的影响。如食品的色泽是否赏心悦目，香气是否诱人，滋味是否可口，形状是否美观，质构是否良好等都依赖人的心理和生理的综合感觉。

在新品开发时，为了满足消费者的各种需求和嗜好，提高企业经济效益，改善原有的生产工艺，消费者评价和专业品评员的评价都是必要的,即在新产品的小试阶段,需要由消费者对产品的嗜好性做出检验,同时,需要专业品评员对产品各项指标进行评价[23-25]。

第九节　特医食品临床试验

根据《特医食品临床试验质量管理规范(试行)》的核心内容,如下概述了特医食品临床试验的全过程和要求要点。

一、试验准备

临床试验实施前,申请人向试验单位提供试验用产品配方组成、生产工艺、产品标准要求,以及表明产品安全性、营养充足性和特殊医学用途临床效果相关资料,提供具有法定资质的食品检验机构出具的试验用产品合格的检验报告。申请人对临床试验用产品的质量及临床试验安全负责。

临床试验开始前,需向伦理委员会提交临床试验方案、知情同意书、病例报告表、研究者手册、招募受试者的相关材料、主要研究者履历、具有法定资质的食品检验机构出具的试验用产品合格的检验报告等资料,经审议同意并签署批准意见后方可进行临床试验。

二、试验人员

临床试验配备主要研究者、研究人员、统计人员、数据管理人员及监察员。主要研究者应当具有高级专业技术职称;研究人员由与受试人群疾病相关专业的临床医师、营养医师、护士等人员组成。

三、试验样品

临床试验用产品由申请人提供,产品质量要求应当符合相应食品安全国家标准和(或)相关规定。

用于临床试验用对照样品应当是已获批准的相同类别的特定全营养配方食品。如无该类产品,可用已获批准的全营养配方食品或相应类别的肠内营养制剂。根据产品货架期和研究周期,试验样品、对照样品可以不是同一批次产品。

四、临床试验方案内容

选择适宜的临床试验设计:根据试验用产品特性,选择适宜的临床试验设计,提供与试验目的有关的试验设计和对照组设置的合理性依据。原则上应采用随机对照试验,如采用其他试验设计的,需提供无法实施随机对照试验的原因、该试验设计的科学程度和研究控制条件等依据。

随机对照试验可采用盲法或开放设计,提供采用不同设盲方法的理由及相应的控制偏倚措施。编盲、破盲和揭盲应明确时间点及具体操作方法,并有相应的记录文件。

五、观察指标

观察指标主要包括安全性(耐受性)指标、营养充足性和特殊医学用途临床效果观察指标。

六、试验例数和观察时间

试验例数:试验组研究例数不少于100例。

观察时间:原则上不少于7天,且营养充足性和特殊医学用途临床效果观察指标应有临床意义并能满足统计学要求。

七、案例说明

根据特殊医学用途配方食品临床试验指导原则(征求意见稿),下文以炎性肠病全营养配方食品为例,说明临床试验的要求。

1. 受试者选择

根据研究目的不同区分受试者入选标准。

2. 退出和中止标准

试验前或过程中出现不良事件和失误的,设计效果出现偏差的或其他情况的,需退出和中止试验。

3. 试验样品要求

(1)试验用样品　拟申请注册的炎性肠病全营养配方食品。

(2)对照样品　已获批准注册的炎性肠病全营养配方食品,已获批准注册的全营养配方食品或相应类别肠内营养制剂。

4. 试验方案设计

(1)试验方法　应当采用随机对照试验设计,并采用盲法进行试验。如采用其他试验设计,需提供无法实施随机对照试验的原因、试验的科学程度和研究控制条件等依据。

(2)试验分组　随机分配入组,将合格的受试者按1∶1的比例分配到试验组和对照组。试验组和对照组有效例数原则上不少于100例,且脱失率不高于20%。具体病例数应根据临床研究的主要研究终点选择合适的统计学方法进行估算。

(3)试验周期　以改善营养状况或诱导疾病缓解作为首要终点时,试验周期不少于4周;以促进黏膜愈合为首要终点时,试验周期为12周。

5. 给食量和给食途径

(1)改善或维持营养状况,维持疾病缓解　成人总能量25~

30 kcal/kg·d；儿童和青少年为推荐摄入量 110％～120％，蛋白质 1.0 g/kg·d。采用口服或管饲，每日摄入量应占总能量 60％，剩余能量应在医生或临床营养师指导下摄入，应具有可比性。

（2）诱导缓解　每日总能量 100％由试验样品提供，成人总能量 25～30 kcal/kg·d；儿童和青少年为正常推荐摄入量 110％～120％，蛋白质 1.2～1.5 g/kg·d；推荐采用管饲。

计算上述热卡摄入量时，如患者 BMI 小于 24 kg/m² ，使用实际体重；如患者 BMI≥24 kg/m²，使用标准体重。研究期间试验组和对照组用药应具有可比性。

6．观察指标

（1）安全性指标

① 胃肠道发生腹胀、腹泻、恶心、腹痛、呕吐等症状的次数。

② 发生感染性并发症（吸入性肺炎、腹膜炎、鼻窦炎等）以及导管相关并发症（鼻咽部黏膜损伤、喂养管堵塞等）的次数。

③ 生命体征、血常规、尿常规、肝肾功能等生化指标。

④ 发生其他与产品相关/可能相关的不良事件或严重不良事件的次数。

（2）营养充足性指标

试验前后 BMI、体成分、血清白蛋白、前白蛋白和血红蛋白等检测结果的改变，以及其他国际公认的营养学评价指标。

（3）特殊医学用途临床效果指标

① 克罗恩病患者　CDAI 或 PCDAI、克罗恩病内镜下评分（SES-CD）、hs-CRP。

② 溃疡性结肠炎患者　Mayo 评分、溃疡性结肠炎内镜下评分（UCEIS）。

③ 生活质量　炎症性肠病患者生活质量评分（IBDQ 评分）。

④ 依从性　MARS scale。

患者生活质量和依从性的评价可以采用其他国际公认的标准。

7. 结果判定

如与已经批准注册的全营养配方食品对照,当试验样品满足安全性、营养充足性和特殊医学用途临床效果均不劣于全营养配方食品,且营养充足性或特殊医学用途临床效果至少有一项指标优于全营养配方食品时,考虑此产品可作为炎性肠病全营养配方食品。

参考文献

[1] Gibson G R，Roberfroid M B. Dietary modulation of the human colonie microbiota: introducing the concept of prebiotics [J], Journal of Nutrition,1995(125):1401 - 1412.

[2] Takahashi M,Iwata S,Yamazaki N,et al. Phagocytosis of the lactic acid bacteria by M cells in therabbit Peyer's Patchs [J]. Clin Election Microsc, 1991(24): 5 - 6.

[3] Spaethg C P, Perdigon G. Adjuvant effects of Lactobacillus caseiadded to renutrition diet in amalnourished mouse moder [J]. Biocell, 2002, 26(1):35 - 48.

[4] Kirjavainen P V, Apostolou E, Salminen S J, et al. New aspects of probiotics-a novel approach in the management of food allergy [J]. Allergy, 1999, 54(9): 909 - 915.

[5] Madsen K, Cornish A, Soper P, et al. Probiotic bacteria enhance murime and human intestinal epithelial barrier function [J]. Gastroenterology, 2001, 121(3):580 - 591.

[6] 胡学智. 益生元-双歧杆菌生长促进因子 [J]. 工业微生物, 2005,35(2):50.

［7］张莉,袁卫涛,薛雅莺,等. 聚葡萄糖的应用研究进展［J］. 精细与专用化学品,2012,20(9):38－40.

［8］孙常文,庞明利,杨海军. 赤藓糖醇的特性分析及应用优势［J］. 精细与专用化学品,2013,21(1):37－39.

［9］Rao A V,Agarwal S. Role of lycopene as antioxidant carotenoid in the prevention of chronic diseases:a review［J］. Nutr Res,1999,19(2):305－323.

［10］Block G,Patterson B,Subar A. Fruit,vegetables and canner prevention:a review of the epidemiological evidence［J］. Nutr Cancer,1992,18(1):1－29.

［11］Steinmetz K A,Potter J D. Vegetables,fruit and cancer prevention:a review［J］. J Am DictAssoc,1996,96(10):1027－1039.

［12］唐传核,彭志英. 大豆异黄酮的开发及应用前景［J］. 西部粮油科技,2000,25(4):35－39.

［13］马自俊. 乳化液与含油废水处理技术［M］. 北京:中国石化出版社,2006.

［14］郭玉华,李钰金. 食品增稠剂的应用技术［J］. 肉类研究,2009(10):67－71.

［15］白永庆,张璐. 食品增稠剂的种类及应用研究进展［J］. 轻工科技,2012(02):14－16.

［16］中华人民共和国国家卫生和计划生育委员会. 国家标准GB 29922—2013 食品安全国家标准特殊医学用途配方食品通则［S］. 2013.

［17］江荣林,雷澍,黄立权,等. 富含缓释淀粉的肠内营养乳剂对危重病患者血糖的影响［J］. 中国危重症医学杂志,2014,4(1):

19 - 25.

[18] 成人糖尿病患者管理的营养治疗建议[Z]. 美国糖尿病协会（ADA），2013.

[19] 付苗苗，黄社章. 痛风患者的膳食营养防治 [J]. 中国食物与营养，2014,20(9)：87 - 89.

[20] 杨志滨，刘阳. 痛风病人的健康教育[J]. 河北中医，2009,31(10)：1571 - 1572.

[21] 魏翠翠. 国内外肠内营养制剂调查报告 [J]. 食品与药品，2010(7)：270 - 272.

[22] 周宇英，唐伟强. 食品流变特性研究的进展 [J]. 发展论坛，2001(08)：7 - 9.

[23] 彭小红. 食品感官分析[J]. 中国调味品，2002(11)：41 - 42.

[24] O'Mahony M，Manual of lecture notes for Food Sensory Science[J]. Food Science & Technology，2005(6)：10.

[25] O'Mahony M. Chemical senses and flavor[J]. Food Science & Technology，1976(2)：177 - 188.

第四章

特医食品的临床应用

第一节　如何选择最适合的特医食品

特医食品是一种介于药品与普通食品之间的一种特殊食品。特医食品适用于胃肠功能尚可,且需要特殊营养的人群,包括吞咽和咀嚼困难者;意识障碍或昏迷、无进食能力者;消化系统疾病稳定期能进行肠内营养者,如消化道瘘、短肠综合征、炎性肠病等;高分解代谢者,如严重感染、手术、创伤及大面积灼伤患者;慢性消耗性疾病,如结核、肿瘤等。不同的人群针对其年龄、疾病或其他特殊需求有不同的特医食品种类。

很多人已经知道特医食品能够有效为病人提供所需的基础营养和特定营养,但是在如何使用上仍会有些疑惑。本章将会答疑解惑,主要介绍如何选择最适合的特医食品及特医食品的摄取方式。

通过回答如图 4-1 所示的自答问卷,就可以找到一种适合自己的产品配方类型。特医食品的选择方法可以总结为以下几条。

(1)如果患者胃肠道的功能正常,应选用整蛋白配方,否则选用要素配方(氨基酸型、短肽型);

（2）如果患者摄入液量需要限制和（或）需要高能量密度的配方，应选用高能量密度的产品并要考虑是否需要疾病特异型配方，否则就选用标准配方；

（3）如果患者有便秘的情况，应选用含不溶性纤维的配方，若无便秘的症状，就可选用标准配方或含可溶性纤维的配方；

（4）如果患者有某些特殊的饮食限制或有其他营养需求，则可给予疾病特异型配方。

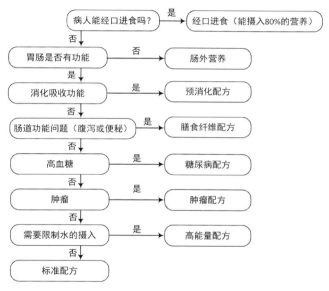

图 4-1　特医食品的制剂选择标准[1]

总之，商品化的肠内营养制剂选择范围很广，需要根据患者的疾病情况和不同营养制剂的特点来为患者选择正确合适的产品。肠内营养制剂的分类、产品特点及适用疾病取决于含各种营养要素的性质、比例以及其他参数（渗透压、膳食纤维、乳糖等），全面了解制剂的各种信息是能够正确选择适合的肠内营养制剂的基础。

另外,对于需要进行肠内营养支持的患者,在选择正确的产品制剂的基础上,选择适合的肠内营养途径、减少并发症的发生、监测患者的各项相关指标对于患者也是十分重要的,从而使得肠内营养制剂在营养治疗中发挥最大的功效。

第二节　特医食品的特点

为了选择正确且适合的特医食品作为肠内营养支持,我们需要进一步了解特医食品的特点。本书的第一章对特医食品的分类进行了概述,下文将分别对这 3 大类特医食品的特点进一步描述。

一、全营养配方食品的特点

全营养配方食品是指可以作为单一营养来源满足目标人群营养需求的特殊医学用途配方食品。就是说无论你得什么病都可以把它作为唯一的营养来源来满足人体的需要,而且通常不会营养不良。

1. 氨基酸型、短肽型(要素膳)

如图 4 - 2 所示,这类制剂的基质为单体物质(要素形式,Elemental Form),包括氨基酸或短肽、葡萄糖、脂肪、矿物质和维生素的混合物,无须消化即可直接或接近直接吸收,适用于胃肠功能不全的患者。目前市面可见产品如下。

(1)短肽型,可用于消化道功能障碍及脂肪代谢有障碍的病人。

(2)氨基酸型,主要用于肠功能严重障碍、不能耐受整蛋白和短肽类肠内营养制剂的病人。该类型产品含有谷氨酰胺,但渗透压高,易致腹泻。

2. 整蛋白型(非要素膳型)

目前市面常见典型产品如图 4 - 3 所示。该类制剂以整蛋白或

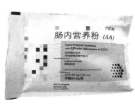

图 4-2　短肽型肠内营养制剂

蛋白质游离物为氮源,渗透压接近等渗,口感较好,适于口服,亦可管饲。这类产品适于胃肠功能较好的患者,其类别可分为以下几种。

（1）适用于存在营养不良但有完全或部分胃肠道功能,而不能正常进食的病人的营养治疗;

（2）术前营养,肝胆手术,消化系统疾病,脂质代谢障碍;

（3）围手术期营养不良,肠道准备及短期管饲;

（4）无乳糖,用于＞14 岁的人群;

（5）高浓缩能量,减少水分摄入,用于卒中、烧伤、脑损伤等需长期营养液体摄入受限的患者,等等。

图 4-3　整蛋白型肠内营养制剂的典型产品

二、特定全营养配方食品的特点

特定全营养配方食品是指可以作为单一营养来源能够满足目标人群在特定疾病或医学状况下营养需求的特殊医学用途配方食品。就是说如果患者得了肾病,需要"特殊医学用途配方食品",那可以使用肾病型的"特定全营养配方食品",如果患者得了肿瘤,那可以使用针对肿瘤疾病的"特定全营养配方食品",因为每种疾病所需要的营养素有所不同,我们把它按照疾病类型去划分比较科学,就像对症下药一样。

以下以糖尿病病人用全营养配方食品来说明特定全营养配方食品的应用技巧和注意事项。糖尿病患者由于遗传因素、内分泌功能紊乱等原因引发糖、蛋白质、脂肪、水和电解质等一系列代谢紊乱。针对上述情况,该类产品调整了宏量营养素的比例和钠的含量,强调产品的低血糖生成指数(低 GI),为患者提供全面而均衡的营养支持。

糖尿病病人用全营养配方食品应满足如下技术要求[2]:

(1)应为低血糖生成指数(GI)配方,GI≤55;

(2)饱和脂肪酸的供能比应不超过 10%;

(3)碳水化合物供能比应为 30%~60%,膳食纤维的含量应不低于 0.3 g/100 kJ(1.4 g/100 kcal);

(4)钠的含量应不低于 7 mg/100 kJ(30 mg/100 kcal),不高于 42 mg/100 kJ(175 mg/100 kcal)。

目前市场上的典型产品如图 4-4 所示,其主要类别可分为:① 适用于糖尿病患者;② 适用于肿瘤患者;③ 用于高分解代谢和液体入量受限的病人,适用于烧伤及低蛋白血症患者;④ 肾脏疾病专用。

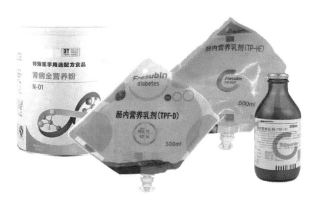

图 4-4 特定全营养肠内营养制剂典型产品

三、非全营养配方食品的特点

非全营养配方食品是可以满足目标人群部分营养需求的特殊医学用途配方食品,不适用于作为单一营养来源。就是说单独食用它不能解决身体里全部的营养需求,但有时我们又需要在某一个方面的营养单独增加,所以患者就需要这样的产品类别。

组件式营养制剂主要包括营养素组件、电解质配方、增稠组件、流质配方和氨基酸代谢障碍配方等。目前国内尚无组件式肠内营养制剂的上市产品,国内已有属于食品的蛋白质制剂,有人认为可归为组件式肠内营养制剂。

患者偶尔吃错类别或者误食特医食品,一般不会对健康造成损害。国外实践证明,特医食品在国际上已有三十多年的使用历史,很少有因产品本身的问题出现不良反应。该类产品的使用风险往往在于长时期的误用和滥用,因此应当在医生和临床营养师的指导下选择使用。或者对自身状况有明确的认识,并认真参考产品说明。如表 4-1 列举了不同类型的典型肠内营养制剂的适应证及使用方法。

表4-1 常见市售肠内营养制剂

制剂规格	适应证及用法	作用特点、注意事项
散剂 80.4 g/袋	氨基酸型制剂。管饲或口服。将每包粉剂加入 250 mL 水中,配成 300 mL 溶液(1 kcal/mL),管饲或口服。用量取决于病人的实际需要	含游离氨基酸、谷氨酰胺、脂肪以及硒、铬等微量元素
400 g/罐	1~10 岁的儿童,管饲或口服。配制 30 mL 温开水兑 1 平勺粉,先放水,后放粉(浓度为 1 kcal/mL)。能量密度 1 kcal/mL	优质乳清蛋白占总蛋白质的 50%,20% 中链甘油三酯,低渗配方,富含 14 种维生素和 12 种矿物质
散剂 400 g/罐	整蛋白型制剂。配制:往杯中注入 200 mL 温开水,徐徐加入 6 量匙(罐中备有)约 55.8 g,搅拌至全溶解,制成 250 mL,每毫升约提供 1 kcal 热量	不含乳糖,可避免腹泻;脂肪为玉米油,含有较大量的不饱和脂肪酸;含胆固醇低
散剂	整蛋白型制剂。配制:200 mL 温开水加入 6 匙(52 g)益力佳 SR 粉剂,搅拌均匀即可得到一杯 237 mL 的标准冲调液,提供 220 kcal 热量	为糖尿病患者设计
散剂 126 g/袋(500 mL)	短肽型制剂。管饲或口服。每日用 4 袋,可满足机体对所有营养的需求。调配方法:在容器内注入 50 mL 预先煮沸过的水,加入 1 袋,搅拌溶解后,再加入预先煮沸过的水至 500 mL,调匀即可	45%~50% 脂肪来自中链甘油三酯;低电解质水平,除铁、锌、铜、碘、锰外,还有 3 种微量元素铬、硒、钼。可用于糖尿病患者
混悬剂 500 mL/瓶 500 mL/袋	整蛋白型制剂。适用于无严重消化功能或吸收功能障碍、禁用膳食纤维的患者。管饲或口服。推荐剂量为 30 mL(30 kcal)/(kg·日),平均剂量 2 000 mL/日	不含膳食纤维。有严重消化和吸收功能障碍的患者禁用
混悬剂 500 mL/瓶 500 mL/袋 1 000 mL/袋	整蛋白型制剂。专供糖尿病患者使用。管饲或口服,应按照患者体重和消耗状况算每日用量。① 以本品作为唯一营养来源时,30 mL/(kg·日),平均剂量 2 000 mL(1 800 kcal)/日;② 以本品补充:每日 500 mL(450 kcal)	为糖尿病和糖耐量降低患者设计。含改进的碳水化合物(70% 淀粉,30% 果糖),能量密度 0.9 kcal/mL,可改善血糖。不含牛奶蛋白,适用于对牛奶蛋白过敏的患者

第三节 特医食品的摄取方式

肠内营养的投给途径取决于疾病本身、喂养时间长短、精神状态及胃肠道功能,可采取口服或管饲途径。

一、管饲

管饲可分为鼻胃、鼻十二指肠/鼻空肠途径或空肠造口、胃造口和食管造口途径。短期管喂多采用经鼻至胃、十二指肠或空肠置管;长期管喂可采用空肠造瘘、胃造瘘和颈部经皮咽部胃内置管。

目前,经鼻胃管喂和经空肠造瘘途径进行肠内营养支持应用较为广泛。鼻胃管喂的优点在于胃的容纳量大,对营养制剂的渗透浓度不敏感;缺点在于有食物反流与吸入至气管的危险,如产生这种情况,宜用鼻肠管喂或空肠造瘘。空肠造瘘途径具有喂养管可长期放置、患者可同时经口摄食、机体及心理负担较小、活动方便等特点。

喂养方式分为一次投给、间歇滴注、连续输注三种典型方式。

二、口服

口服营养补充(ONS)是院内营养补充的主要手段,但实际我们更多介入的是份额较少的管饲患者,在多种疾病中,特别是慢性病,或消耗性疾病,口服使用率较高。未来,以 ONS 为主要方式的营养摄入将成为肠内营养的主流,出院患者将更为支持,居家需求较大。

口服临床应用现状:① 已开展 ONS 的医院较少;② 多以自制流食为主,商品化产品较少;③ 现有营养产品多口感差,不能被接受。

本书下文中将以炎性肠病患者和肿瘤患者为例,对特医食品在特定疾病中的临床应用进行阐述。

第四节　特医食品在特定疾病中的临床应用

近年来,肠内营养治疗在炎性肠病和肿瘤疾病中帮助患者加快人体机能的恢复,改善病人营养状况,促进病人康复,缩短住院时间,节省医疗费,具有很高的经济价值和社会价值,以下通过具体病例来说明特医食品在特定疾病中的临床应用。

一、特医食品在炎性肠病患者治疗中的应用

炎症性肠病(Inflammatory Bowel Disease,IBD)是多种病因引起异常免疫介导的肠道慢性炎症,以病情反复发作、迁延不愈为特征,主要包括溃疡性结肠炎(Ulcerative Colitis,UC)和克罗恩病(Crohn's Disease,CD)。其发病机制至今仍尚未完全明确[3],可能与遗传、环境因素等多种因素有关,其中,遗传因素只占30%～40%。研究发现,抗生素的使用、吸烟、饮食与IBD的发病风险和发生发展密切相关。氨基水杨酸、糖皮质激素以及免疫抑制剂等药物是该病的主要治疗措施,然而部分病例药物疗效欠佳,而且容易出现药物不良反应,虽然生物制剂大大提高了疗效,但是少量难治性病例往往需要联合非药物治疗方法综合干预。现在运用于临床的肠内营养、粪菌移植、干细胞移植及粒细胞单核细胞吸附分离等非药物手段已突显出巨大治疗潜力,成为近年来IBD治疗的研究热点。

（一）IBD与营养的关系

IBD患者常出现营养不良,特别是CD患者。肠内营养在IBD的综合治疗中占有重要地位,在一定程度上有益于IBD的治疗,尤其对广泛小肠病变和青少年CD有显著效果。肠内营养制剂的应用不仅能改善患者的营养状态,而且能诱导并维持CD缓解。本节将从

以下几个方面阐述肠内营养在 IBD 中的应用,尤其是 IBD 营养代谢特征、营养方案及指南建议、临床实施以及应用评价。

1. 炎性肠病患者营养不良的现状

营养不良是 IBD 最常见的全身表现。在炎性肠病的任何阶段均可能出现营养不良[4]。UC 一般病变仅累及大肠,而 CD 患者病变常累及小肠,故 CD 患者出现营养不良的概率比 UC 更高。CD 患者发展为营养不良的过程常较缓慢,但多表现为中重度营养不良或各种营养素缺乏;而 UC 患者营养状况一般,但在病情处于急性期时,可能发展为急性营养缺乏。

2. 炎性肠病患者营养不良的原因

(1)急性期:IBD 疾病活动期肠道炎症病变广泛,肠道黏膜屏障功能受损、肠道细菌移位和产生细胞因子,可引发全身炎症反应,出现高热,机体呈现高分解代谢状态,同时患者摄入减少,吸收差,易发生蛋白质-能量营养不良。

(2)慢性期:食物摄入减少和饮食限制;营养吸收不良肠道炎症、外科手术及瘘管形成导致吸收面积减少;肠道营养丢失过多,肠道黏膜损伤、出血;发热和炎症状态致营养需求增加;药物因素糖皮质激素促进蛋白质分解致负氮平衡;柳氮磺胺吡啶(Sulicylazo Sulfapynidine,SASP)影响叶酸吸收;甲硝唑影响患者食欲。

3. 炎性肠病营养不良的后果

营养不良降低患者的生活质量,削弱患者抗感染能力,可延缓 IBD 儿童和青少年的生长发育。营养不良还可影响组织修复和细胞功能,影响手术切口和肠吻合口愈合,导致术后并发症增加,延长住院时间,增加病死率[5]。营养治疗可改善营养状态、避免营养不良带来危害的同时,可促进黏膜愈合,改善患者自然病程,具有缓解 IBD 的作用。

（二）摄取特医食品对 IBD 患者的效果

IBD 患者初诊时多伴有营养不良，随着病情进展、药物或手术治疗等又会导致营养障碍进一步加重。成人 IBD 患者出现营养不良或儿童-青少年 IBD 患者出现生长发育障碍时，很难通过饮食纠正营养状况。特医食品治疗在改善患者营养状况方面突显出重大作用，其与药物、手术等治疗措施具有同样重要的地位，且贯穿于 IBD 的整个治疗过程中，为 IBD 患者的治疗保驾护航。

1. 肠内营养（EN）实施的适应证和禁忌证

IBD 患者肠内营养治疗的适应证包括以下几方面。① 营养不良或具有营养风险的 IBD 患者：如 3～6 个月体重下降≥5％者；重度营养不良者；中度营养不良预计营养摄入不足 5 天者；营养状况正常但有营养风险（NRS2002 营养风险筛查评分＝3 分）者；尽管药物治疗有效，但体重仍然持续下降者。② 围术期 IBD 患者：有手术指征的患者存在营养不良或营养风险时，先行肠内营养治疗纠正营养状况再行手术，可降低手术风险[6]；对于 CD 患者，围术期肠内营养治疗还可降低术后复发率。③ 儿童和青少年 CD 患儿的诱导缓解和维持缓解。④ 生长发育受损的 IBD 患儿。⑤ 不适合使用激素治疗的活动期成年 CD 患者。⑥ 合并肠功能障碍的 IBD 患者，视情况予短期或长期营养治疗。尽管肠内营养治疗的适应证较为广泛，但由于口味不佳导致患者对长期禁食和 EN 的耐受性和依从性较差，因此，肠内营养制剂的撤药率高达 39％。

IBD 患者肠内营养治疗的禁忌证包括以下两方面。① 绝对禁忌证：麻痹性或机械性肠梗阻、小肠梗阻、肠穿孔及坏死性小肠结肠炎等。② 相对禁忌证：中毒性巨结肠、肠动力功能障碍、膜炎、消化道出血、高输出肠瘘、严重呕吐及顽固性腹泻等。

2. 肠内营养治疗的实施方式

肠内营养治疗实施方式有营养支持小组（Nutrition Support

Team，NST)和家庭营养治疗两种。营养支持小组(NST)由多学科专业人员(医师、营养师、护士、药剂师等)组成,主要对 IBD 患者进行营养风险筛查、制订营养治疗方案、实施治疗和疗效监测,为最佳推荐方式。此外 NST 还担任指导家庭营养治疗的角色。家庭营养治疗用于需长期进行营养治疗,且病情相对平稳的 IBD 患者,方便易行,该方式的实施须在 NST 指导下,以保证患者使用的治疗方案合理,并能及时根据病情调整治疗。住院患者营养治疗应在 NST 指导下实施,好转出院后,可根据 NST 的指导方案进行家庭营养治疗,并定期与 NST 成员沟通交流,及时调整治疗方案。

3. IBD 患者肠内营养制剂的种类与选择[7]

根据氮源的不同,肠内营养可分为整蛋白配方、低聚(短肽)配方或氨基酸单体(要素膳)配方。总的来说,应用这 3 类配方进行营养治疗时,疗效并无明显差异,但不同个体、不同情况对不同配方的耐受性不同。抗原性低的氨基酸型和抗原性高的整蛋白型 EN 以及高脂肪含量和低脂肪含量 EN,对于诱导缓解的作用无明显差异。整蛋白型 EN 制剂更有利于儿童 CD 患者体重增长,但肠功能不全患者建议使用要素膳或低聚配方,IBD 活动期建议减少膳食纤维的摄入。

低脂制剂能提高 EN 诱导 CD 缓解的效果,但长期限制脂肪摄入可能导致必需脂肪酸缺乏。鱼油 $\omega-3$ 多不饱和脂肪酸(PUFA)能降低活动期 UC 的内镜和组织学评分,具有激素节省效应,并可提高临床缓解率;鱼油能改善活动期 CD 的炎症指标水平,但未能改善 UC 和 CD 的临床结局,尚无足够证据证实鱼油能维持 UC 或 CD 缓解。谷氨酰胺有利于减轻肠道损伤,防止肠黏膜萎缩,补充谷氨酰胺可改善活动期 CD 的肠道通透性和形态,但尚无高剂量谷氨酰胺有利于病情缓解和临床结局的证据。益生菌诱导和维持贮袋炎(Pouchitis)缓解的效果确切,但治疗 IBD 的证据仍不充分。在 EN

的基础上联合应用益生菌和益生元可能对 UC 和 CD 有益。

（三）益生菌与炎症性肠病

IBD 是一种与遗传和环境相关的肠道疾病，研究表明 IBD 患者肠道菌群结构发生显著改变，有益菌减少，有害菌增多，从而抑制 Treg 细胞激活 Th_1 和 Th_{17} 介导的免疫反应，进而失去免疫耐受功能。虽然到目前为止还不能确定肠道菌群紊乱与 UC 之间的关系，但肠道菌群在抗炎与调节免疫方面发挥着重要作用，调节肠道菌群对 UC 有一定的辅助治疗作用[8]。益生菌通过拮抗病原细菌及调控炎性因子维持和调整肠道微生态平衡[9,10]。有研究证实，益生菌通过 PI3K/Akt 和 NF-kB 信号通路，降低促炎因子 TNF-α、IL-1β 等的水平，升高抗炎因子 IL-10 的分泌，能明显地缓解和治疗溃疡性结肠炎症状。

人体肠道内乳酸菌拥有的数量，随着人的年龄增长会逐渐减少，因此需要补充外源乳酸菌。多数情况下，衡量乳酸菌功能有效性的一个重要方面就是其活菌数。人的胃液里含有胃酸，胃酸 pH 值较低且根据个人身体状况和饮食结构的不同存在较大波动，食物在胃里停留的时间从几分钟到几小时不等，只有极少数具有较强耐酸能力的乳酸菌才能在胃中大量存活并到达肠道内发挥益生作用。为提高活菌制剂抵达作用位置时的存活比例，制备微胶囊剂型来保护菌活性十分重要。

海藻酸钙在酸性环境中能保持稳定，但在含磷酸盐、柠檬酸盐等离子螯合剂时，钙离子会发生逃逸，导致微囊的崩解，因此是一种良好的肠溶性材料[11,12]，这是其作为包裹活菌的微囊囊材的优点。尹尉翰[13]采用乳酸乳球菌作为囊芯进行了实验，酸处理后，海藻酸钙微囊包裹使乳酸乳球菌的存活率提高，说明其对乳酸乳球菌在酸性环境中有显著的保护作用。微囊包裹灌胃和未包裹灌胃小鼠组，灌胃 2 h 后,前者活菌数约为后者的 98 倍,证明了海藻酸钙包裹对乳酸乳球菌在胃肠道环境,特别是胃酸环境中确实有一定的保护作用。Camila[14]以植物乳杆菌 ATCC8014、副干酪乳杆菌 ML33 和戊糖乳杆菌 ML82 为囊芯,采用振动挤压法制备乳酸菌-海藻酸-果胶(WAP)或乳清渗透性海藻酸-果胶(PAP)微粒,并测定其对不良条件的耐受能力。在模拟胃肠道条件下,微囊化的细菌比未包裹的细菌对酸性条件有更强的抵抗力。微粒的大小约 $150\mu m$,所述胶囊化材料适用于在不改变其感官特性的情况下被添加到食品中。益生菌经微胶囊包被后,可有效抵御前段胃肠道消化液的消化作用,并在后肠道部分释放出来起益生作用。

（四）IBD 病人用全营养配方食品开发技术要求[15]

由于 IBD 病变主要发生在消化道,既妨碍营养物质的摄入、消化和吸收,又造成营养物质从肠道不同程度地丢失。针对上述情况,配方应使用易消化吸收的蛋白质和脂肪来源,以改善患者的营养状况和临床症状。炎性肠病病人用全营养配方食品应满足如下技术要求:

（1）可以选用整蛋白、食物蛋白质水解物、肽类和/或氨基酸作为蛋白质的来源;

（2）脂肪供能比应不超过 40％,其中中链甘油三酯(MCT)含量应不低于总脂肪的 40％。

二、特医食品在肿瘤患者治疗中的应用

（一）肿瘤与营养

国外文献报道[16],31％～87％的恶性肿瘤患者存在营养不良,约 15％的患者在确诊后 6 个月内体重下降超过 10％,尤以消化系统或头颈部肿瘤最为常见。中国抗癌协会肿瘤营养与支持治疗专业委

员会调查 1 511 例恶性肿瘤患者,发现恶性肿瘤患者营养不良的发生率高达 67%,其中以食管癌、胰腺癌、胃癌患者营养不良的发生率最高,达 80% 以上。肿瘤营养不良的发病率具有如下特征:恶性肿瘤高于良性疾病,消化道肿瘤高于非消化道肿瘤,上消化道肿瘤高于下消化道肿瘤,实体肿瘤高于血液肿瘤,内脏肿瘤高于体表肿瘤,65 岁以上老人高于 65 岁以下人群。

营养不良不仅发病率高,而且后果严重。营养不良显著升高了各种并发症发生率和死亡率,延长了住院时间,增加了医疗费用,严重耗费了家庭、社会及国家的经济资源。研究发现:荷兰全国共有 354 家护理院,每年新入院患者 60 000 人;整个荷兰护理院的正常营养开销为 3.19 亿欧元/年,营养不良额外开销为 2.79 亿欧元/年;有营养风险的患者,额外开销 8 000 欧元/人;有营养不良的患者,额外开销为 10 000 欧元/人。英国每年营养不良花费高达 73 亿英镑,而营养过剩每年花费 35 亿英镑,前者是后者的两倍[17]。由此可见,营养不良是一个导致医疗费用增加、经济负担加重的重要因素。因此,必须充分认识到营养不良预防和治疗的重要性。营养治疗为机体提供了日常消耗疾病康复所需的营养底物,有助于预防并发症、预防不良临床结局、缩短住院时间,通过改善患者预后而降低总医疗支出。因此,加强对营养不良的预防和治疗、强化营养管理意义重大。

(二)肿瘤患者摄取特医食品的实施要求及效果[7]

1. 设置营养治疗目标

(1)基本目标 满足 90% 液体目标需求、≥70%(70%~90%)能量目标需求、100% 蛋白质目标需求及 100% 微量营养素目标需求,即要求四达标。

(2)最高目标 调节异常代谢,改善免疫功能,控制疾病(如肿瘤),提高生活质量,延长生存时间。

2. 能量与营养素需求

（1）能量 肿瘤患者能量摄入推荐量与普通健康人无异，即卧床患者 20～25 kcal/(kg·d)，活动患者 25～35 kcal/(kg·d)。由于静态能量消耗值（REE）升高，及放疗、化疗、手术等应激因素的存在，肿瘤患者的实际能量需求常常超过普通健康人，营养治疗的能量最少应该满足患者需要量的 70％以上。胃癌、食管癌及胰腺癌患者的 REE 高于其他肿瘤，营养治疗时可能需要额外增加 5kcal/(kg·d) 能量供给。

（2）蛋白质需要量 应该满足机体 100％的需求，推荐范围最少为 1 g/(kg·d) 到目标需要量的 1.2～2 g/(g·d) 之间。肿瘤恶病质患者蛋白质的总摄入量（静脉＋口服）应该达到 1.8～2 g/(kg·d)，支链氨基酸（BCAA）应该达到 ≥0.6 g/(kg·d)，必需氨基酸（EAA）应该增加到 ≥1.2 g/(kg·d)。严重营养不良肿瘤患者的短期冲击营养治疗阶段，蛋白质给予量应该达到 2 g/(kg·d)；轻、中度营养不良肿瘤患者的长期营养补充治疗阶段，蛋白质给予量应该达到 1.5 g/(kg·d) [1.25～1.7 g/(kg·d)]。高蛋白饮食对肿瘤患者有益。

（3）供能比例 非荷瘤状态下三大营养素的供能比例与健康人相同，即为：碳水化合物 50％～55％、脂肪 25％～30％、蛋白质 15％；荷瘤患者应该减少碳水化合物在总能量中的供能比例，提高蛋白质、脂肪的供能比例。

（三）恶性肿瘤病人用全营养配方食品开发技术要求[15]

手术期、恶液质期的恶性肿瘤（恶病质状态）患者由于肿瘤的消耗、阻碍进食和消化、肿瘤对食欲的影响、患者精神抑郁等因素，伴随以体重下降为特征的营养不良比较常见，因此应尽早对患者进行营养补充。该特定全营养配方产品应适当提高蛋白质的含量并调整与机体免疫功能相关的营养素含量，为患者提供每日所需的营养物质。

恶性肿瘤(恶病质状态)病人用全营养配方食品应满足如下技术要求。

(1) 蛋白质的含量应不低于 0.8 g/100 kJ(3.3 g/100 kcal)。

(2) $\omega-3$ 脂肪酸(以 EPA 和 DHA 计)在配方中的供能比应为 $1\%\sim6\%$,同时对亚油酸和亚麻酸的供能比不再做相应要求。

(3) 可选择添加营养素(精氨酸、谷氨酰胺、亮氨酸)。如果添加精氨酸,其在产品中的含量应不低于 0.12 g/100 kJ(0.5 g/100 kcal);如果添加谷氨酰胺,其在产品中的含量应为 0.04 ~ 0.53 g/100 kJ (0.15 ~2.22 g/100 kcal);如果添加亮氨酸,其含量应不低于 0.03 g/100 kJ(0.13 g/100 kcal)。

参考文献

[1] 张片红.特殊医学用途配方食品现状及临床应用[C].//2015 年钱江临床营养论坛暨第七届医院 临床营养管理培训班、2015 年浙江省临床营养年会资料汇编,2015.

[2] 中华人民共和国国家卫生和计划生育委员会.国家标准 GB 29922—2013 食品安全国家标准特殊医学用途配方食品通则问答 [S]. 2013.

[3] 中华医学会消化病学分会炎症性肠病学组.炎症性肠病诊断与治疗的共识意见(2012 年·广州)[J]. 中华内科杂志,2012,51 (10):818 - 831.

[4] Tinsley A,Ehrlich O G,Hwang C,et al. Knowledge,attitudes, and beliefs regarding the role of IBD among patients and providers [J]. Inflamm Bowel Dis,2016,22(10):2474 - 2481.

[5] Hou J K,Abraham B,El-serag H. Dietary intake and risk of developing inflammatory bowel disease:a systematic review of

the literature [J]. Am J Gastroenterol, 2011, 106(4): 563 - 573.

[6] 朱维铭,吕腾飞. 合理开展炎症性肠病的肠内营养治疗 [J]. 浙江医学,2016,55(17):499 - 501.

[7] 石汉平,刘学聪. 特殊医学用途配方食品临床应用 [M]. 北京:人民卫生出版社, 2017:102 - 108.

[8] Cammarota G, Ianiro G, Cianci R, et al. The involvement of gut microbiota in inflammatory bowel disease pathogenesis: potential for therapy [J]. Pharmacol Ther, 2015(149): 191 - 212.

[9] Madsen K L. The use of probiotics in gastrointestinal disease [J]. Canadian Journal of Gastroenterology, 2001, 15(6): 817 - 822.

[10] Giacomo Pagliaro, Maurizio Battino. The use of probiotics in gastrointestinal diseases [J]. Mediterranean Journal of Nutrition and Metabolism, 2010(3): 105 - 113.

[11] Shah N P, Ravula R R. Microencapsulation of probiotic bacteria and their survival in frozen fermented dairy desserts [J]. Australian Journal of Dairy Technology, 2000, 55(3): 139 - 144.

[12] Ding W K, Shah N P. Acid, bile, and heat tolerance of free and microencapsulated probiotic bacteria [J]. Journal of Food Science, 2007, 72(9): 446 - 450.

[13] 尹尉翰. 乳酸乳球菌海藻酸钙微囊应用于胃肠道口服给药的研究 [D]. 上海:上海交通大学, 2008.

[14] Meijers J M, Halfens R J, Wilson L, et al. Estimating the costs associated with malnutrition in Dutch nursing homes [J]. Clin Nutr, 2012, 31(1): 65 - 68.

[15] 中华人民共和国国家卫生和计划生育委员会. 国家标准 GB

29922—2013 食品安全国家标准特殊医学用途配方食品通则问答 [S]，2013.

[16] Wigmore S J，Plester C E，Richardson R A，et al. Changes in nutritional status associated with unresectable pancreatic[J]. Br J Cancer，1997，75(1)：106-109.

[17] 石勇铨，刘志民，洪涛，等.《糖尿病人膳食用食品通则》的研究与制定[J]. 上海标准化，2006(6)：9-15.

第五章

特医食品的生产与监管

　　近年来,特医食品领域因为刚起步、潜力大,在我国被称为是"朝阳行业",也是大健康领域的又一片蓝海。不过,特医食品市场虽大,门槛却不低。通过分析截至撰稿前已获批的特医食品,可在一定程度上反映特医食品行业在国内刚刚起步的现状。

第一节　生产特医食品的条件

　　拟在我国境内生产并销售特殊医学用途配方食品的生产企业,首先应当依法取得相应经营范围的营业执照,然后根据《特殊医学用途配方食品注册管理办法》规定的条件和程序提出特殊医学用途配方食品注册申请,取得产品注册证书后再根据《食品生产许可管理办法》规定的条件和程序提出特殊医学用途配方食品的生产许可申请,取得对应产品的食品生产许可证后方可生产特殊医学用途配方食品。

　　申请特殊医学用途配方食品的生产许可,须对企业的生产场所、设备设施、设备布局和工艺流程、人员管理、企业管理制度、生产质量管理体系等进行审查。

一、生产场所

（1）生产场所、周围环境以及厂区的布局、生产车间的墙壁、地面、顶棚、门窗等道路和绿化应当符合《特殊医学用途配方食品生产许可审查细则》（以下简称《审查细则》）的相关要求。

（2）厂房和车间的种类、布局应当与产品特性、生产工艺和生产能力相适应，符合《审查细则》的相关要求，避免交叉污染。生产车间应当按照生产工艺和防止交叉污染的要求划分作业区的洁净级别，原则上分为一般作业区、准清洁作业区和清洁作业区，具体划分见表5-1。

表5-1　特殊医学用途配方食品生产车间及作业区划分

序号	产品类型	清洁作业区	准清洁作业区	一般作业区
1	液态产品	与空气环境接触的工序所在的车间（如称量、配料、灌装等）；有特殊清洁要求的区域（如存放已清洁消毒的内包装材料的暂存间等）	原料预处理、热处理、杀菌或灭菌，原料的内包装清洁、包装材料消毒、理罐（听）以及其他加工车间等	原料外包装清洁、外包装、收乳（使用生鲜乳为原料的）等车间以及原料、包装材料和成品仓库等
2	固态（含粉状）产品	固态（含粉状）产品的裸露待包装的半成品贮存、充填及内包装车间等；干法生产工艺的称量、配料、投料、预混、混料等车间	原料预处理、湿法加工区域（如称量配料、浓缩干燥等）、原料内包装清洁或隧道杀菌、包装材料消毒、理罐（听）以及其他加工车间等	原料外包装清洁、外包装、收乳（使用生鲜乳为原料的）等车间以及原料、包装材料和成品仓库等

二、设备设施

企业应当配备与生产的产品品种、数量相适应的生产设备，设备的性能和精度应能满足生产加工的要求。用于混合的设备应能保证物料混合均匀；干燥设备的进风应当有空气过滤装置，排风应当有防止空气倒流装置，过滤装置应定期检查和维护；用于生产的计量器具和关键仪表应定期进行校准或检定。

三、设备布局和工艺流程

（1）生产设备应当按照工艺流程有序排列，合理布局，便于清洁、消毒和维护，避免交叉污染。

（2）设备布局和工艺流程应当与批准注册的产品配方、生产工艺等技术要求保持一致。

（3）企业应当按照产品批准注册的技术要求和 GB 29923 关于生产工艺特定处理步骤的要求，制定配料、称量、热处理、中间贮存、杀菌（商业无菌）、干燥（粉状产品）、冷却、混合、内包装（灌装）等生产工序的工艺文件，明确关键控制环节、技术参数及要求。

四、人员管理

企业应当配备与所生产特殊医学用途配方食品相适应的食品安全管理人员和食品安全专业技术人员（包括研发人员、检验人员等）。

五、建立管理制度

（一）建立原料供应商审核制度。

（二）建立原料采购验收管理制度。

（三）设立相关生产关键环节控制要求。

（1）控制生产加工的时间和温度。

（2）控制空气的洁净度和湿度。应根据产品和工艺特点，控制相应生产区域的空气湿度，制定空气湿度关键限值，以减少有害微生物的繁殖。

（3）制定微生物监控计划。

（4）制定人员卫生控制要求。

（5）制定原料卫生控制要求。

（6）制定称量配料控制要求。

（7）制定生产工艺控制要求。生产过程中的生产工艺及工艺控制参数应符合产品注册时的技术要求，并有相关生产工艺控制记录。液态特殊医学用途配方食品采用商业无菌操作的，应参照 GB 29923 附录 C 的要求，制定相关生产工艺控制要求。

（8）制定产品防护管理要求。

（9）制定产品包装控制要求。

（10）制定产品共线生产与风险管控要求。不同品种的产品在同一条生产线上生产时，应经充分的食品安全风险分析（包括但不限于食物蛋白过敏风险），制定有效清洁措施且经有效验证，防止交叉污染，确保产品切换不对下一批产品产生影响，并应符合产品批准注册时的相应要求。

（11）建立清场管理制度。

（12）建立清洁消毒制度。

（13）建立生产设备管理制度。

（14）企业应当制定检验管理制度，规定原料检验、半成品检验、成品出厂检验的管理要求。

（15）企业应当设立产品贮存和运输要求。

（16）企业应当建立出厂检验记录制度。

六、生产质量管理体系

企业应当根据食品安全法律、法规、规章、标准和有关规定建立生产质量管理体系。

第二节　特医食品的生产工艺

一、通用生产工艺

　　特医食品生产企业应当按照批准注册的产品配方、生产工艺等技术要求组织生产。不得以分装方式生产特医食品。特医食品的常见剂型包括粉剂和乳剂。

　　可口服患者一般选用粉剂；昏迷、食道梗阻或其他不能进食者，则选用混悬剂或乳剂进行管饲。乳剂操作方便，加热较快，在院使用率较高。粉剂在患者出院后家庭使用较多。其乳剂和粉剂的典型的生产工艺分别如图5-1、图5-2所示。

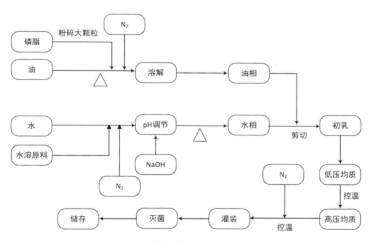

图5-1　特医食品乳剂生产工艺

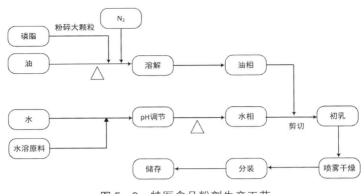

图 5-2 特医食品粉剂生产工艺

二、乳剂产品生产方案

混悬剂 系指难溶性固体药物以微粒状态分散于分散介质中形成的非均匀的液体制剂。混悬剂中药物微粒一般在 $1\sim100\ \mu m$。混悬剂属于热力学不稳定的粗分散体系,所用分散介质大多数为水,也可用植物油。

乳剂 在混悬剂的基础上再使用高压均质设备,在 $500\ kg/cm^2$ 左右的压力下高压均质,使颗粒下降到 $0.5\ \mu m$ 左右。动力学稳定。按中国药典规定,乳剂必须符合下述要求:在每分钟 4 000 转下高速离心 15 分钟不发生相分离。

乳剂粒子不易聚集,使小口径导管的使用成为可能;能耐受高温灭菌;与乳糜大小接近,易于被病人吸收。因此下文着重介绍乳剂的制备工艺。

1. 微乳液制备[1]

微乳液的配制常用的方法有机械乳化法、转相乳化法和自然乳化法。制备纳米微粒主要采用自然乳化法[2]。

在选好合适的微乳液类型、表面活性剂、助表面活性剂和油后,配制微乳液的加料方法主要有两种:一种是把有机溶剂、表面活性剂、醇混合为乳化体系,再向该乳化液中加入水,在某一时刻体系会瞬间变得透明,一种液体以纳米级液滴的形式均匀地分散在与之不相溶的液体中即可形成微乳液[3];另一种方法是先把有机溶剂、水、表面活性剂混合均匀,然后向该乳液中滴加助表面活性剂醇,体系也会在突然间变为透明,便得到了微乳液。

微乳液形成中油-水体系和表面活性剂、助表面活性剂的选取甚为重要。微乳液的热力稳定状况、液滴的大小和分散性等均与乳液中各相组分及表面活性剂的类型有关[4]。表面活性剂的亲水-亲油平衡(HLB)理论在微乳液的配制中至关重要[5],要求所用的表面活性剂的 HLB 值与微乳液中油相的 HLB 值相匹配[6];同时还应考虑油相溶液的抗静电表面活性剂的类型[7]。

2. 质量控制

纳米乳液乳化包埋体系具有独特的纳米级粒径和较大的比表面积。除了能很好地提高精油类生物活性物质的生物利用度以外,纳米乳化包埋体系具有在储藏、运输过程中无絮凝、无聚集的优点。通过模拟体外胃肠道消化,表明小粒径的纳米乳液生物利用度更高[8, 9]。

特医液态产品营养丰富,微生物容易繁殖,必须采用高温灭菌杀灭所有微生物。但是在高温下,维生素易氧化分解;乳剂产品比较黏稠,热穿透性较差,温度分布不易均匀,在过高温度稳定性会下降。解决方案:考虑采用特殊的旋转灭菌釜,受热均匀,避免局部过热受到破坏;配置、均质、灌装全程氮气保护以隔绝氧气,防止维生素的氧化;此外,还可以考虑使用抑菌肽,抑菌肽通过阳离子在细胞膜上形成阳离子通道,调节细胞膜通透性从而达到杀死细菌的作用。使用抑菌肽替代了传统的高温杀菌的工艺,对产品的稳定性和延长货架期均有积极的作用。

乳剂的稳定性主要依靠测定分散液滴的大小、分布,及其随时间推移的变化来进行评价。宏观上可以通过高温、离心等方法加速老化,测定开始出现破乳的时间或析出一定透明相的时间[10]。微观粒子的常用检测方法包括(电子)显微镜法、光散射法(TurbiScan 测定),电化学方法(ζ-电位的测定)、浊度法、超声波速率扫描法等。

第三节　配方与工艺试制及中试放大

特医食品的配方开发,必须要通过新产品试制和中试放大的验证,才算完成了全过程。如图 5-3 所示,新产品试制中所获得的样品,可以用于后期的临床试验,而小批量试制及中试放大,为今后的量产和商业推广奠定了基础。

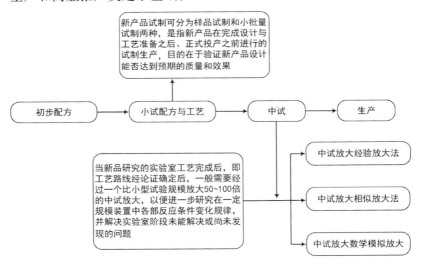

图 5-3　特医食品新产品试制及中试放大流程

第四节　特医食品工厂设计及良好生产规范

GB 29923—2013《特殊医学用途配方食品良好生产规范》中涵盖了对特医食品生产选址及厂区环境、厂房和车间、设备、卫生管理、原料和包装材料的要求、生产过程的食品安全控制、验证、检验、产品的贮存和运输、产品追溯和召回、培训、管理机构和人员、记录与文件的管理、食品安全控制措施有效性的监控与评价等项目的具体要求。其中,生产粉状特医食品过程中,从热处理到干燥前的输送管道和设备应保持密闭,并定期进行彻底地清洁、消毒。而生产液态特医食品需要商业无菌操作,主要包括对包装容器的洗涤、灭菌和保洁、无菌灌装工艺的产品加工设备的洗涤、灭菌和保洁、对产品的灌装监控和产品的热处理应尽可能采用热力灭菌法。

一、特医食品工厂的布局与设计

特医食品的厂房和车间设计应符合 GB 14881《食品安全国家标准食品生产通用卫生规范》的相关规定。

厂房和车间应合理设计,建造和规划与生产相适应的相关设施和设备,以防止微生物滋生及污染,特别是应防止沙门氏菌的污染。对于适用于婴幼儿的产品,还应特别防止阪崎肠杆菌(Cronobacter属)的污染,同时避免或尽量减少这些细菌在藏匿地的存在或繁殖。

以典型的乳悬液特医食品工厂为例,其主体生产线包括调配乳化生产线、灌装/杀菌生产线、包装生产线三个部分,其所需的设备清单如表 5-2 所示。

表 5 - 2　乳悬液特医食品生产线常用设备

设备设施名称	数量/套	设备设施名称	数量/套
储罐	2	水处理系统	1
高剪切混料罐	2	CIP 系统	1
高压均质机	1	UHT 杀菌机	1
板式加热器	2	蒸汽发生器系统	1
无菌灌装机	1	在线过滤器	1
包装机	1	贴标机	1
冷水机组	1	风淋杀菌隧道	1
空压机组	1	管路热循环系统	1

二、危害分析关键控制点(HACCP)及其控制

（一）危害分析关键控制点的定义

危害分析关键控制点(Hazard Analysis Critical Control Point, HACCP)是一个为生产安全可靠食品而采取的一种先进的预防性措施。HACCP 不是一个单独运作的系统，它是建立在 GMPs 和 SSOPs 基础之上并与之构成一个完备的食品安全体系。HACCP 运用食品加工、微生物学、质量控制和危害评价等有关原理和方法，对食品原料、加工以至最终食用产品质量等过程实际存在的和潜在危害进行分析、制定找出对最终产品质量有影响的关键控制环节，并采取相应控制措施，使产品的危害性减少到最低限度，保证食品的安全性。

（二）HACCP 的制订

实际生产中实施 HACCP 应采取以下步骤：

（1）准备一个完整的流程图；

（2）确认危害；

（3）决定或确定可以控制危害的关键控制点（CCP），然后选择每一个 CCP 点上必须控制的因素；

（4）设置关键限制量（CL）；

（5）建立并实施监测程序，检测每一个 CCP 点以确定它是否在控制之中；

（6）指出并记录监测结果，当表明 CCP 点脱离控制时，须采取必要的纠错措施；

（7）建立记录保持制度；

（8）建立验证程序。

（三）特医食品生产中的危害分析（HA）及关键控制点（CCP）

特医食品生产中的主要危害分为三类，即生物危害、化学危害以及物理危害，其对应的原因如下。

（1）生物危害包括细菌、大肠菌群等，分析其原因，主要有：① 各个生产工序中来自作业环境、人员及设备管道等的污染，包括配料、混料、过滤、均质、干燥、杀菌、冷却、包装等环节；② 灭菌温度、时间控制不当引起的有害微生物的存活。

（2）化学危害主要是一些有毒有害物质，如食品添加剂的过量及清洗消毒剂的残留，包括：① 原辅料的存储不当而导致的发霉变质或是有毒有害物质的混入；② 配料阶段乳化剂等添加剂的过量加入；③ CIP 管道冲洗的不彻底而导致的清洁剂残留。

（3）物理危害主要为异物、金属等杂质的混入，分析其原因，主要来自：① 原辅料和食品添加剂等的产品质量不良，混入杂质；② 各个生产工序中来自作业环境及人员的污染，如配料、混料、包装等环节。

与上述三类危害对应的关键控制点（CCP）包括以下几方面。

（1）生物性污染的控制　　① 各个生产工序中来自作业环境、人员的污染,可以通过 GMP、SSOP 来进行控制。来自管道设备的污染,可以通过严格执行清洗消毒措施,由严格的 CIP 控制手段来执行。② 灭菌时由于温度、时间控制不当引起的有害微生物的存活可作为一个 CCP 点,通过严格控制灭菌的温度和时间来消除危害。③ 内包装的密封不良产生的污染可通过严格进行在线检查、挑出不合格品等进行控制,这也是一个 CCP 点。

(2) 化学性污染的控制　① 原辅料的存储不当而导致的污染可通过 SSOP 来进行控制。② 配料阶段的添加剂的过量加入可通过严格按操作规程操作、称量核对进行控制。③ CIP 管道冲洗的不彻底而导致的清洁剂残留可通过严格执行 CIP 操作和验证工作来控制。

(3) 物理性污染的控制　① 原辅料和食品添加剂等的产品质量不纯而导致的杂质混入可通过原辅料控制制度和合格供应商制度进行控制。② 配料、混料等环节中来自作业环境及人员的物理性污染可通过 GMP、SSOP 来控制。

根据以上原则,结合特殊医学用途配方食品注册生产企业现场核查要点及判断原则(试行),设计特医食品 CCP,归纳如下。

(1) 生产质量管理体系建立　生产企业按照良好生产规范要求建立与所生产食品相适应的生产质量管理体系。

(2) 生产条件　生产企业的生产车间、生产设施和设备应当满足生产要求;存在引起食物蛋白过敏等食品安全风险的产品,不得与非特殊医学用途配方食品共线生产。

(3) 物料采购管理　生产企业应当建立物料采购管理制度,规定物料从符合规定的供应商购进,物料采购应当有记录。对关键供应商应当进行审计,供应商确定和变更应当进行评估。

(4) 物料验收　生产企业应当建立物料验收制度,规定物料采购后应当进行验收。从国内购进的物料有出厂检验报告书和/或有资质的第三方检验机构出具的全项目检验报告；从国外购进的物料有原产地证明、检验报告及通关记录。物料验收应当有记录。

（5）生产用水　生产用水不低于生活饮用水卫生标准；与产品直接接触的生产用水采用去离子法或离子交换法、反渗透法或其他适当的加工方法制得，应符合纯化水卫生标准。

（6）生产操作规程　生产企业建立的生产管理文件规定了产品生产工艺规程，内容包括：产品名称，产品形态，产品配方，确定的批量，生产工艺操作要求，物料、中间产品、成品的质量标准和技术参数及贮存注意事项，物料平衡的计算方法，成品容器、包装材料的要求等。

第五节　创新剂型产品稳定性研究及出厂检验方法

一、乳剂的稳定性测定方法

稳定性是衡量乳液质量的一个最基本的重要参数。在实际应用中，乳液的稳定性检测技术的选择决定于测定目的、测定样品种类、精确度要求。另外，检测技术的应用还取决于具体的仪器设备、技术操作的熟练程度等因素。国内外乳液稳定性的检测技术主要有电镜、比色法、浊度法、电导法、粒子体积比法、脉冲回波法等。随着科学技术的发展，要求乳液稳定性检测更加标准化、准确化、简单化和快速化[11]。

1. 比色法

比色法是以生成有色化合物的显色反应为基础，通过比较或测量有色溶液颜色深度来确定待测组分含量的方法。比色法是测定乳液稳定性的传统方法之一,具有简便、灵敏度高等优点。它适用于所有乳油稳定性测定,特别适合制剂开发中的应用。

2. 电导法

电导法是通过测量微乳液的电导率确定乳液稳定性的一种方法。此法利用电导仪测定不同增溶水量微乳液的电导值(也可换算成摩尔电导率),绘制电导值(或摩尔电导率)与增溶水量关系图,从曲线波动情况来判断微乳液的稳定性。此法可以连续监测微乳液状态的变化,获得动态过程信息,直观地反映微乳液的稳定性,是检测微乳液稳定性的一种有效途径。

王风贺[12]等应用电导法对丙烯酰胺反相微乳液聚合体系进行研究。研究表明,反相微乳液的稳定性主要取决于吸附在油相表面上的非离子乳化剂分子的空间位阻效应。在相同的连续相中,电导率的变化则取决于电解质及其浓度[13]。

3. 浊度法

P. Walstra[14]提出通过测定乳液浊度确定其稳定性的方法,即浊度法。M. Frenkel[15]等用浊度法测油包水型乳液的稳定性,测定样品在波长为 400 nm 和 800 nm 处的吸光度,考察 HLB 值、乳化剂的种类、水相所占的体积分数对乳液稳定性的影响。

4. 粒子体积比法

粒子体积比法是测定高聚物乳液稳定性的一种方法。通过粒子体积比法求得乳液凝聚速率常数 k 值,来预测其在指定温度下的凝聚度,对乳液生产、保存具有实际意义。

二、乳液稳定性研究在食品加工技术中的应用

1. 超高压和超声波技术

超高压和超声波技术作为一种辅助手段,来改变蛋白的乳化特

性和溶解性等，从而满足现代食品加工的需求，已经成为一项现代食品加工的新技术。

Qin[16]等（2013年）研究了高压对核桃分离蛋白理化特性和功能特性的影响，分别采用300MPa、400 MPa、500 MPa、600 MPa压力在室温下处理20 min。研究表明，高压处理会使蛋白质变性，表现为蛋白质溶解度降低、降解和聚集。但是在400 MPa时，蛋白的乳化活性明显提高，随压力继续增大，乳化活性指数随之下降。在300～600 MPa高压下，核桃蛋白的乳化稳定性会降低，但可以提高其起泡性。另一种处理方式为超声波，它也可以改变核桃蛋白的乳化性。Zhou[17]等（2013年）将超声处理过的蛋白质与大豆油混合并均质制成乳液来测定乳化特性，发现超声的温度、时间、功率、频率会对乳液的乳化特性造成影响。

2. 乳化稳定剂

乳化稳定剂是制备稳定乳液的关键。核桃油/水型和水/核桃油型乳液以核桃油作为油相，加入乳化稳定剂，通过超声或均质等处理，即可制备W/O或O/W型乳液。乳化稳定剂的选择是国内外的研究热点，常用的乳化稳定剂有黄原胶、阿拉伯胶、司班-80、吐温-80、聚甘油蓖麻醇酯等。

3. 纳米乳液

纳米乳液是一类粒径不大于100 nm的乳液。由于粒径很小，油水两相密度差造成的乳液分层现象消失。纳米乳液一经出现便立即得到了广泛应用，现主要应用于药物靶向输送、化妆品、食品等领域。

4. 蛋白质与多糖体系

利用蛋白质与多糖自组装复合物制备出许多具有良好物理和化学稳定性乳状液。Rusto[18]等（1995年）研究了不同乳化剂、均质温度和压力对花生提取物制成的乳液物理特性的影响。以均质指数、沉降指数、流变特性、色值为指标,比较了两种混合乳化剂体系,分别为单甘酯、甘油单硬脂酸酯、大豆磷脂混合体系,以及单甘酯、甘油单硬脂酸酯、瓜尔胶、卡拉胶混合体系。发现用不同乳化体系所形成的乳液的流变特性不同,前者乳化体系形成的乳液呈牛顿流体,后者形成的为假塑性流体,并且在前者乳化剂添加量为 3 mg/g 或后者添加量为 4 mg/g,温度为 72℃,均质压力为 200/50 kgf/cm² 时,乳液稳定性最好。

乳液属于热力学不稳定体系,产品容易变得不稳定,因此货架期稳定性评估成为乳液产品生产发展的主要问题。传统的乳液稳定性测试方法只能单独考虑温度和光照的影响,利用烘箱或者光照,通过观察样品直观变化或者测试 pH 值来获得样品变质信息。而采用多重光散射及离心加速的方式可以更为有效科学的对乳液稳定性及货架期进行评估、推算。

三、乳液货架期快速测定方法

传统的乳液稳定性试验包括温度试验、光照试验,考察乳液产品变化与温度和光照的关系,一般来说观察项目包括外观变化(如颜色、分层、沉淀、浮起、结块等)、气味变化、pH 等。直接观察具有主观性,结果会有很大偏差,而且过程中需隔周期取样观察测试,过程烦琐,测试周期较长甚至会达数月、数年。而稳定性分析仪则同时结合了温度和光照两个因素,测试周期较短,只用数小时甚至数分钟就可以计算出长达数年的乳液产品货架期。

例如,使用 L 稳定性分析仪,利用近红外光对样品进行照射,可以对整个样品从上到下同时观测和分析。同时可设置不同温度,利用离心加速法简便地测试及量化分散体系分离行为,如漂浮、絮凝等,从而确定其稳定性和货架期,测试结果可靠。测试可以在数小时甚至数分钟准确计算长达数年的产品货架期,大大缩短了测试周期,加快了生产进程。

四、特医食品出厂检验标准及方法

(一)检验能力

特医食品生产须具备检验能力:检验机构具备的检验设施、设备和检验仪器能够满足按照特殊医学用途配方食品国家标准规定的全部项目逐批检验的要求;检验仪器、设备的性能、精密度能达到规定的要求并有合格计量检定证书;有与检验项目相适应的专职人员。

检验能力证明材料包括:自行检验的,应提交检验人员、检验设备设施、全项目资质的基本情况;不具备自行检验能力的,应提交实施逐批检验的检验机构名称、法定资质证明以及申请人与该检验机构的委托合同等。

(二)检测方法

各指标限量及检测方法应符合《食品安全国家标准特殊医学用途配方食品通则》(GB 29922)、《食品安全国家标准特殊医学用途婴儿配方食品通则》(GB 25596)等食品安全国家标准及有关规定(详见第二章"特医食品的申报注册"第七节特医食品的检测)。营养素、可选择性成分中食品安全国家标准没有规定检测方法的,申请人应提供检测方法及方法学验证资料。

如表5-3所示,为根据检测方法整理的检测设备,以资参考。

表 5 - 3   特医食品/肠内营养制剂常用检测设备

检测设备名称	数量/套	检测设备名称	数量/套
微生物检测设备（含培养箱、超净工作台、高压灭菌锅及辅助设备）	1	粒径分析仪	1
稳定性测试仪	2	普通理化检测设备	1
高效液相色谱	1	脂肪测定仪	2
氨基酸分析仪	1	纤维测定仪	2
电感耦合等离子质谱仪	1	旋转蒸发仪	2
紫外分光光度计	2	恒温干燥箱	2
荧光分光光度计	2	自动凯氏定氮仪	2

参考文献[1]

[1] 刘德峥. 微乳液技术制备纳米微粒的研究进展 [J]. 化工进展，2002，21(7)：466 - 470.

[2] Thomas D，Piraux H，Anne-Claude C，et al. How to prepare and stabilize very small nanoemulsions [J]. Langmuir，2011，27(5)：1683 - 1692.

[3] Hessien M，Singh N，Kin C，et al. Stability and tenability of O/W nanoemulsions prepared by phase inversion composition [J]. American Chemical Society，2011(27)：2299 - 2307.

---

① 本章根据 GB 29923—2013《特殊医学用途配方食品良好生产规范》、GB 29922《食品安全国家标准特殊医学用途配方食品通则》、GB/T 19538—2004《危害分析与关键控制点（HACCP）体系及其应用指南》等法规摘取精要编写而成，读者可以查阅卫健委/国家市场监督总局等相关部门颁布的法规或文件原文，以获得更详尽的信息。

［4］McClements D J. Food emulsions：principles，practices，and techniques［M］. CRC press，2015.

［5］崔正刚，殷福珊. 微乳化技术及应用［M］. 北京：中国轻工业出版社，1999.

［6］Solans C，Sole I. Nano-emulsions：formation by low-energy methods［J］. Current Opinion in Colloid ＆ Interface Science，2012（17）：246－254.

［7］Johanna G A，Anhlea K，Sadtler V，et al. Enhanced stability of nanoemulsions using mixtures of non-ionic surfactant and amphiphilic polyelectrolyte［J］. Colloid and Surface A：Physicochemical and Engineering Aspects，2011，389(1－3)：237－245.

［8］Lundin L，Golding M，Wooster T J. Understanding food structure and function in developing food for appetite control［J］. Nutrition ＆ Dietetics，2008，65(s3)：S79－S85.

［9］McClements D J，Xiao H. Potential biological fate of ingested nanoemulsions：influence of particle characteristics［J］. Food ＆ Function，2012，3(3)：202－220.

［10］Hoscheid J，Outuki P M，Kleinubing S A，et al. Pterodonpubescens，oil nanoemulsions：physiochemical and microbiological characterization and in vivo，anti-inflammatory efficacy studies［J］. RevistaBrasileira De Farmacognosia，2017，27(3)：375－383.

［11］白静，冯彩霞，赵琳，等. 乳液稳定性不同检测方法的应用［J］. 当代化工，2011，40(10)：1095－1097.

［12］玉凤贺，姜炜，夏明珠，等. 电导法研究丙烯酰胺反相微乳化液聚合体系的稳定性［J］. 分析测试学报，2005，24(3)：110－112.

［13］郝京诚，郑立强，李干佐，等. 阳离子表面的活性剂相图和微乳

液结构的电导研究[J]. 山东大学学报(自然科学版),1996,31(2):196-201.

[14] Walstr P. Estimating globule-Size distribution of oil-in-water-emulsions by spectroturbirdimetry [J]. Journal of Colloid and Interface Science,1968,27(3):493-500.

[15] Deluhery J,Rajagopalan N. A turbidimetricmethold for the rapidevaluation of MWF emulsion stability [J]. Colloids and Surfaces:APhysicochemical. 2005(256):145-149.

[16] Qin Z,Guo X,Lin Y,et al. Effects of high hydrostatic pressure on physicochemical and functional properties of walnut (Juglans regia L.) protein isolate [J]. Journal of the Science of Food and Agriculture,2013,93(5):1105-1111.

[17] Zhou J C,Zhang S Y,Yang R X. Ultrasonic enhanced walnut protein emulsifying property [J]. Journal of Food Processing &Technology,2013,4 (7):1000244.

[18] Rusto M I,Lopez-Leival M H,Nair B M. Effect ofemulsifier type and homogenization temperature and pressure of physical properties of peanut extract [J]. International Journal of Food Science & Technology,1995,30(6):773-781.

跋及致谢

撰写本书的契机源自 2016 年夏季修正健康集团的一次来访，我们为了"特膳开发项目"准备了不少素材以资讨论，后来这些素材又整理成了一本内部使用的培训手册。从 2016 年末至 2018 年末期间，恰巧也是特医食品法规次第颁布、行业积极发展的阶段，这本内部手册也得到了陆续的修订和补充。诚挚感谢上海一曜集团董事长庄贤韩博士的慧眼识珠和鼓励鞭策，我们才不揣浅陋，敢呈将手册增订出版。

本书有别于目前市面上常见的申报文件汇编或临床应用指南指导类书籍，重点在于如何针对特定疾病，如肿瘤、炎症性肠病和自身免疫性疾病开发并生产对应的特医食品。另外在特医食品的生产和监管方面，本书也进行了比较详尽的阐述，希望能够帮助生产企业提供一些思路和参考。

在此由衷感谢上海元点医药科技有限公司的充分信任，2017 年 4 月双方就"手术后非全营养配方食品开发项目"达成合作，携手共进在特医食品领域迈进了坚实的一步。2018 年 2 月，在上海永沣医药、上海复星创投、山东益康集团的大力支持下，该项目的产业化也顺利启动。

"岁月不居，时节如流。"2019 年是国家"十三五"规划实施的第四年,正是承前启后、厚积薄发的关键一年。我们的特医食品开发项目也进入了自建工厂、成长壮大的阶段。在首批产品甄选和配方设计上,海军军医大学附属长海医院营养科的诸位老友建言不少,内心感铭。诚挚感谢广西壮族自治区贺州市的邀请,我们得以入驻贺州健康云港,与单抗、疫苗、医械、康养等医疗和大健康项目一起,为享有"世界长寿市"盛誉的贺州的"全力东融"产业集聚事业贡献力量。贺州和广西也是中国生物资源和农林资源最丰富的地区之一,我们将会充分利用当地食材和原辅料,在精准扶贫精神的指导下扶持上游企业,开发并产业化系列产品,造福更多国民。

本书编写组

于贺州健康云港

2019 年 2 月

内容提要

  本书对特殊医学用途配方食品的法规和相关医学背景知识只做概要介绍，更多偏向于特医食品的配方和工艺开发以及精益制造本身，内容涵盖临床营养学、营养基因组学、食品物性学、食品流变学、生活习惯病、肠内营养、肠外营养、功能性食品配料等。全书共分 5 章，第一章为特医食品概述，第二章为特医食品的申报注册，第三章为特医食品的开发流程，第四章为特医食品的临床应用，第五章为特医食品的生产与监管。

  本书可作为计划进入特医食品生产、销售领域的企业及产品开发机构的参考用书，可供临床上使用特医食品的普通患者、消费者作为知识学习用书，也可为特医食品生产过程中的工厂设计、建设及运营提供相关指导。